“十五五”高等职业教育计算机类专业系列教材

MySQL数据库技术项目化教程 翻转课堂

牛全营　杨俊红　许　丹◎主　编

郎沁争　陈广玉　潘　凯◎副主编

中国铁道出版社有限公司

CHINA RAILWAY PUBLISHING HOUSE CO., LTD.

内 容 简 介

本书以培养学生技能为核心，采用翻转课堂的教学模式编写。本书基于 MySQL 8.0.26，以学生信息管理系统作为项目背景，共设置 10 个项目，包括数据库环境建立、数据模型的规划与设计、数据库和表的管理、智慧校园数据库的查询、索引和视图、存储过程、事务处理与触发器、数据库的备份与还原、数据库用户权限管理、JavaWeb 程序操作 MySQL 数据库等内容，理论知识与实例相结合，便于读者学习。

本书适合作为高等职业院校计算机类专业数据库课程的教材，也可作为财经、管理类专业的数据库教材，还可作为从事计算机相关工作的科研人员和工程技术人员的参考书。

图书在版编目（CIP）数据

MySQL数据库技术项目化教程 : 翻转课堂 / 牛全营, 杨俊红, 许丹主编. -- 北京 : 中国铁道出版社有限公司, 2025. 8. -- (“十五五”高等职业教育计算机类专业系列教材). -- ISBN 978-7-113-32310-3

Ⅰ. TP311. 132. 3

中国国家版本馆CIP数据核字第20252YK153号

书　　名：MySQL 数据库技术项目化教程（翻转课堂）
作　　者：牛全营　杨俊红　许　丹

策　　划：韩从付　　　　**编辑部电话：**（010）63549508
责任编辑：闫钇汛　彭立辉
封面设计：郭瑾萱
责任校对：刘　畅
责任印制：赵星辰

出版发行：中国铁道出版社有限公司（100054，北京市西城区右安门西街 8 号）
网　　址：https://www.tdpress.com/51eds
印　　刷：北京鑫益晖印刷有限公司
版　　次：2025 年 8 月第 1 版　2025 年 8 月第 1 次印刷
开　　本：787 mm×1 092 mm 1/16　**印张：**10.5　**字数：**269 千
书　　号：ISBN 978-7-113-32310-3
定　　价：39.80 元

前　言

在信息化、数字化时代，数据库技术作为信息技术的重要组成部分，不仅为数据存储、管理和分析提供了坚实的基础，也是推动各行各业信息化进程的关键力量。MySQL作为目前最流行的开源关系型数据库管理系统之一，凭借其高性能、高可靠性、易用性和丰富的功能，成为众多开发者和企业的首选。

本书针对高等职业院校计算机类专业教学需要，采用翻转课堂的教学模式编写，旨在为高职学生提供一本全面、系统、实用的MySQL数据库学习指南。对初学者（希望从零开始掌握MySQL的基本概念和操作），以及有一定经验的开发者（希望深入了解MySQL的高级功能和优化技巧），本书亦具有参考价值。

本书共包括10个项目：项目1介绍数据库环境的建立；项目2介绍数据模型的规划与设计；项目3介绍数据库和表的管理；项目4介绍数据库的查询方法；项目5介绍索引和视图的创建、基本操作；项目6介绍存储过程的创建和基本操作；项目7介绍事务处理与触发器的概念、管理；项目8介绍数据库的备份与还原；项目9介绍数据库用户权限管理；项目10介绍JavaWeb程序操作MySQL数据库。

1．本书特色

（1）循序渐进，深入浅出：从MySQL的安装与配置开始，逐步介绍数据库的环境建立、模型设计、表管理、索引视图、存储、事务处理与触发器、备份与还原、用户权限管理等核心内容，让读者在轻松愉快的氛围中逐步掌握MySQL的精髓。

（2）实例丰富，注重实践：通过大量的实例和案例，让读者在动手实践中加深理解。每个项目都配备了丰富的练习题和项目实训，帮助读者将理论知识转化为实际技能。

（3）项目导向，学以致用：通过模拟真实的工作场景和行业需求，让读者在解决实际问题的过程中不断提升自己的数据库设计和开发能力。

2．读者对象

（1）初学者：对数据库技术感兴趣，希望从零开始系统学习MySQL的读者。

（2）开发者：有一定编程基础，希望掌握MySQL数据库开发技能的开发者。

（3）高校师生：计算机应用技术、软件技术、大数据技术等相关专业的高等职业院校学生和教师。

3．学习建议

（1）理论与实践相结合：在学习理论知识的同时，要多动手实践，通过编写SQL语句、创建和管理数据库等方式加深理解。

（2）注重细节，深入理解：MySQL数据库技术博大精深，要注重细节，深入理解每个概念和功能的本质。

（3）多思考，多总结：在学习过程中要多思考，多总结，形成自己的知识体系和学习方法。

本书由牛全营、杨俊红、许丹任主编，郎沁争、陈广玉、潘凯任副主编，丁莎、刘峰、任建伟、张芮斌、李中英、王新玥、石佳伟、宰荣烽和河南蜂鸟智造无人机科技有限公司陈旭斌参与编写。其中，牛全营编写项目2；杨俊红编写项目8；许丹编写项目1；郎沁争编写项目4；陈广玉编写项目3；丁莎编写项目9；刘峰编写项目5；任建伟编写项目10；张芮斌编写项目7；李中英编写项目6；潘凯、王新玥、石佳伟和宰荣烽负责前期资料的搜集和整理、数据的准备工作；陈旭斌负责课程定位和行业要求分析。

本书是校企合作的成果，信阳势为教育科技有限公司参与本书编写，并提供了项目和技术支持，在此表示诚挚的感谢。同时，在编写过程中得到许多同事的大力支持和帮助，并参考了许多国内外的优秀教材和资料，在此对相关的同事和作者表示衷心的感谢。

由于编者水平有限，加之时间仓促，书中难免存在疏漏与不妥之处，敬请广大读者批评指正。

编　者

2025年3月

目　录

项目1 数据库环境建立

学习目标

◎知识目标

- 理解数据库基本概念与架构。
- 熟悉主流数据库产品及其特点。
- 掌握数据库设计原则与安全维护知识。
- 了解数据库安全与备份恢复。

◎能力目标

- 能够安装与配置数据库管理系统。
- 能够创建、管理数据库及执行数据操作。
- 能够设计数据库结构并优化性能。
- 能够实施数据库安全策略与备份恢复。
- 能够对数据库进行安全维护。

◎素质目标

- 具备问题分析与解决能力。
- 增强团队合作精神与责任感。
- 激发自主学习与创新思维。

项目简介

本项目旨在通过一系列实践活动，引导学生从零开始建立并管理一个数据库环境。项目涵盖数据库的安装配置、数据库设计、数据表创建与管理、数据操作与查询、数据库安全与维护等多个环节。学生将分组进行，每组选择一个具体的业务场景（如学生信息管理系统、图书借阅系统等），完成从需求分析到系统部署的全过程。通过项目实施，学生将深刻理解数据库在信息系统中的作用，掌握数据库建立与管理的核心技能，同时提升团队合作、问题解决及创新能力。

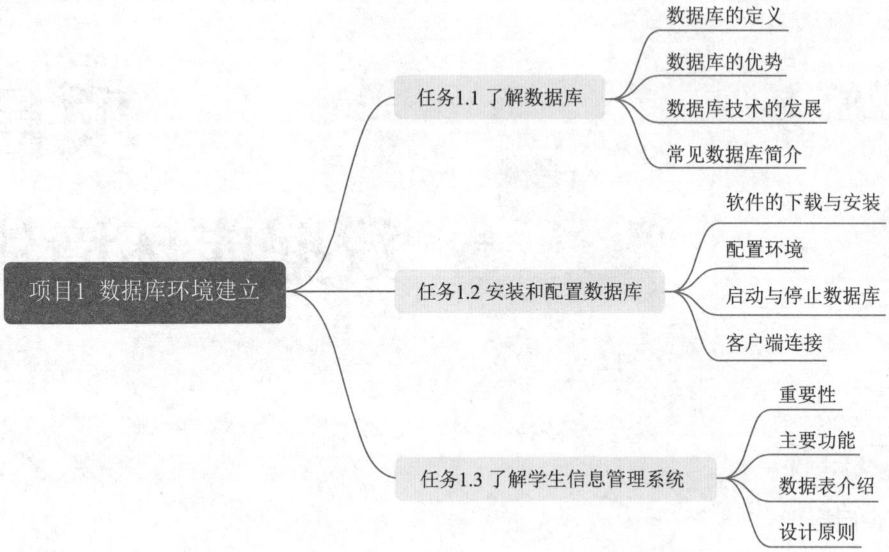

任务 1.1 了解数据库

本任务旨在讲解数据库建立的基本操作、核心技能及实践应用，使学生能够独立完成数据库管理系统的安装配置、数据库与数据表的创建管理，具备利用数据库解决实际业务问题的能力。通过学习，学生将熟悉数据库技术的发展历程、主流数据库产品的特点，以及在Windows环境下安装配置MySQL数据库、设计数据库结构、优化数据库性能的具体方法。

1.1.1 数据库的定义

数据库是按照数据结构来组织、存储和管理数据的仓库。它是长期存储在计算机内的、有组织的、可共享的大量数据的集合。数据库管理系统（database management system, DBMS）则是管理数据库的软件系统，它提供数据的定义、查询、更新、控制等功能。

1.1.2 数据库的优势

一般情况下，存储数据用文件即可，为什么还要使用数据库？这是因为用文件保存数据有以下几个缺点：

①文件的安全性较差。

②文件不利于数据查询和管理。

③文件不利于存储海量数据。

④文件在程序中控制不方便。

为了解决上述问题，专家们设计出更加有利于管理数据的软件——数据库，它能更有效地管理数据。数据库可以提供远程服务，即通过远程连接来使用数据库，因此也称为数据库服务器。

1.1.3 数据库技术的发展

数据库技术的发展经历了从层次数据库、网状数据库到关系数据库的转变，并逐步发展到现在的对象数据库、XML数据库及NoSQL数据库等多样化形式。关系数据库因其理论基础坚实、实现简单、使用方便等优点，成为目前应用最广泛的数据库类型。

1.1.4　常见数据库简介

常见的数据库有以下几种：

① MySQL：开源的关系数据库管理系统，支持多种操作系统，广泛用于Web开发。

② Oracle：大型的商业数据库系统，支持分布式数据库，具有强大的数据管理和安全性。

③ SQL Server：微软推出的关系数据库管理系统，与Windows系统紧密集成，易于管理。

④ MongoDB：一种面向文档的NoSQL数据库，擅长处理非结构化数据。

任务 1.2　安装和配置数据库

1.2.1　下载软件

在搜索引擎中搜索MySQL官方网站，进入首页，单击DOWNLOADS选项，选择MySQL Community Downloads→MySQL Installer for Windows，选中相应的安装版本，单击Download按钮下载，如图1-1所示。

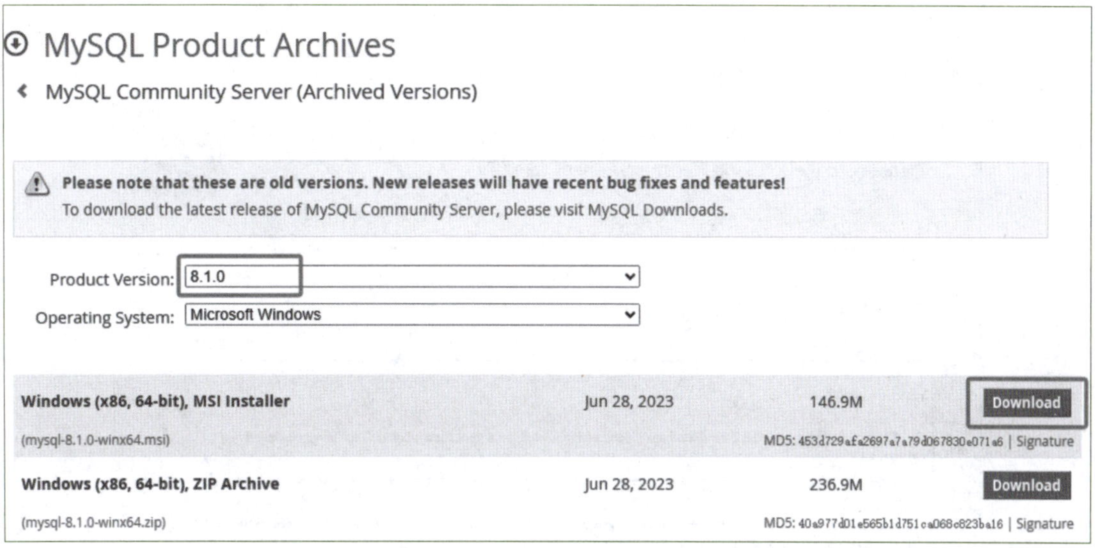

图 1-1　下载软件安装包

1.2.2　安装软件

具体安装步骤如下：

① 双击下载好的安装包，开启安装步骤，单击Next按钮，如图1-2所示。

② 选中I accept the terms in the License Agreement复选框，单击Next按钮，如图1-3所示。

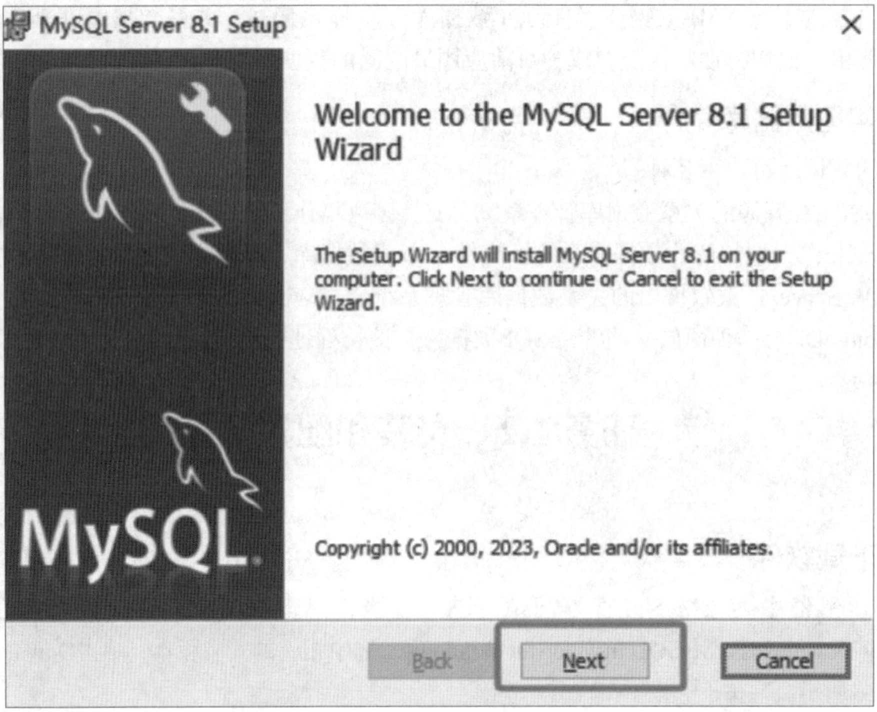

图 1-2　安装步骤 1

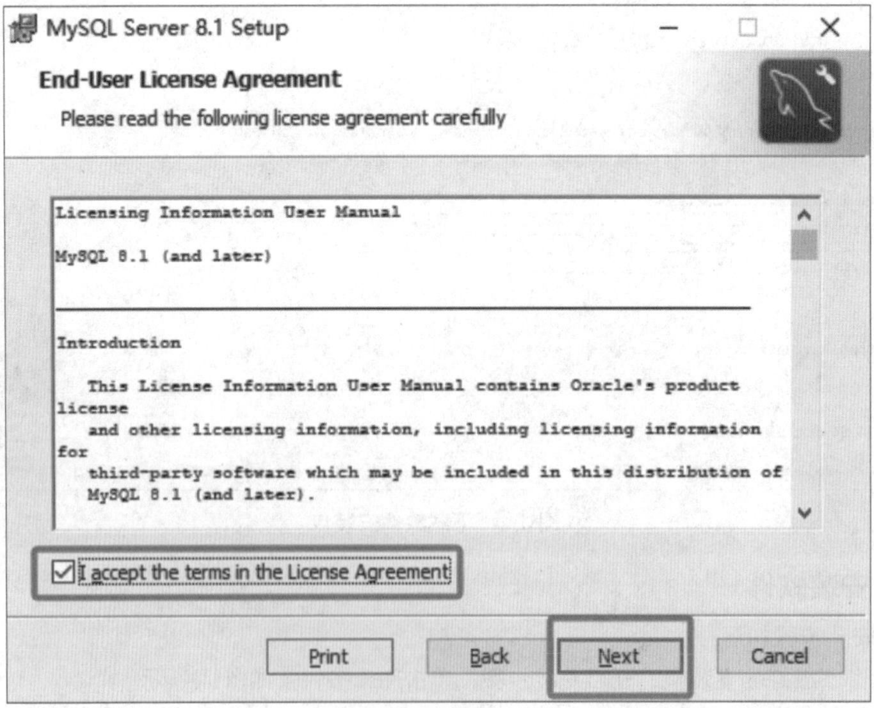

图 1-3　安装步骤 2

③选择Complete，单击Next按钮，如图1-4所示。

④单击Install按钮安装即可，如图1-5所示。

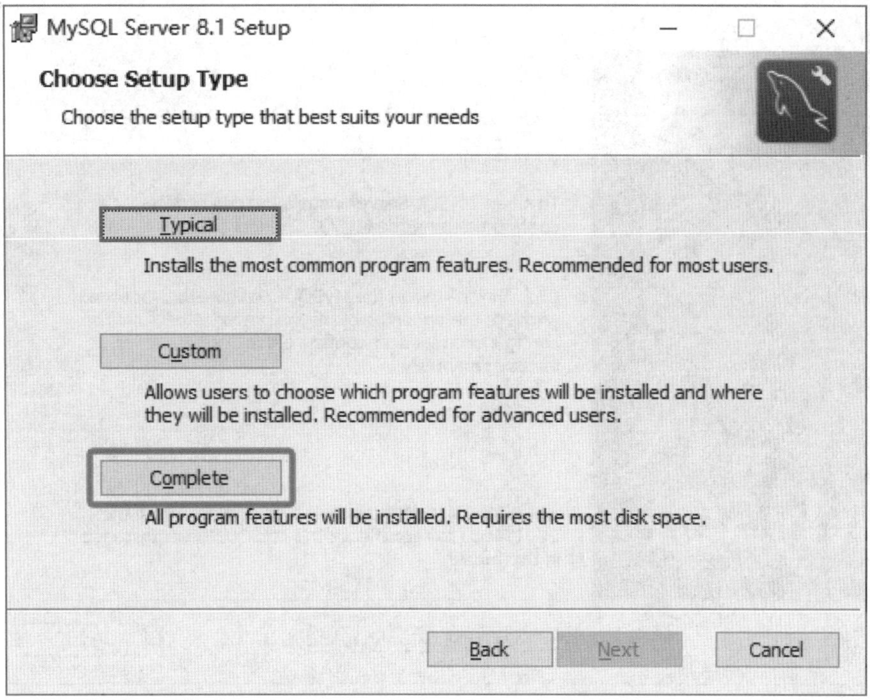

图 1-4　安装步骤 3

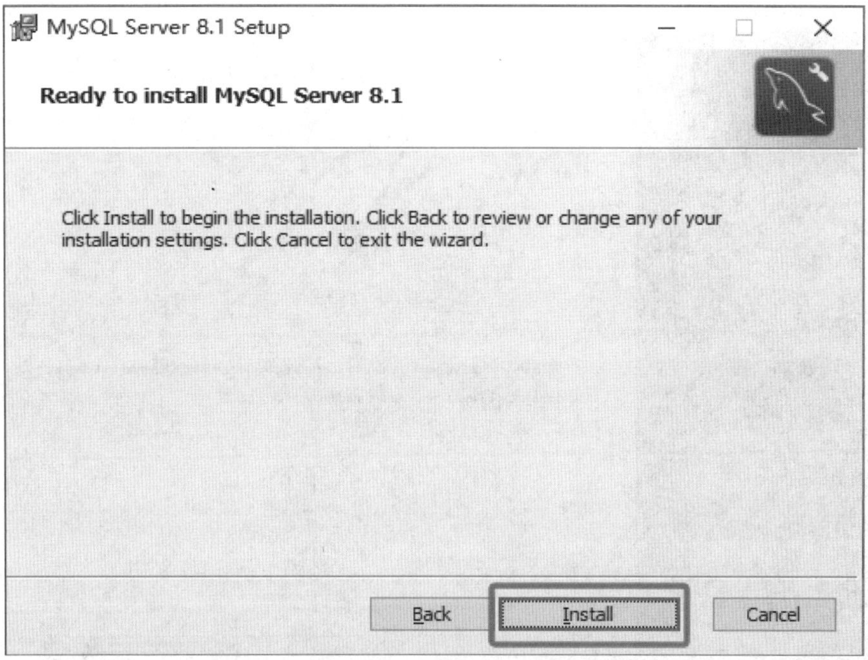

图 1-5　安装步骤 4

⑤选中Run MySQL Configuator复选框，单击Finish按钮完成安装，如图1-6所示。

⑥配置MySQL数据库的工具，它可以帮助用户设置数据库参数、用户权限、网络配置等，单击Next按钮开始配置，如图1-7所示。

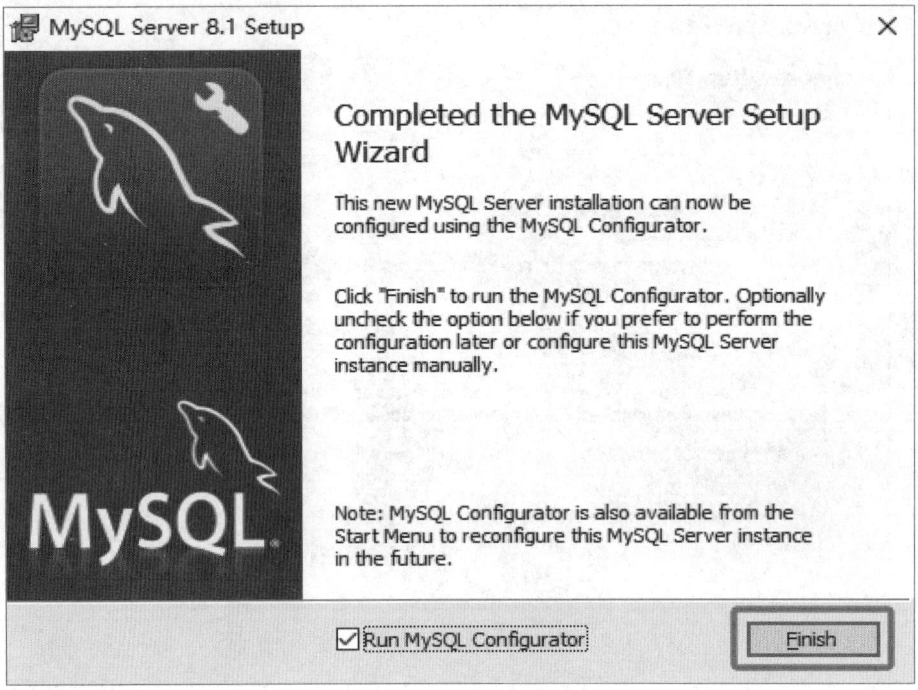

图 1-6　安装步骤 5

图 1-7　安装步骤 6

⑦参数采用默认设置，直接单击Next按钮进入下一步，如图1-8所示。

⑧输入MySQL中Root用户的密码，并记住该密码，如图1-9所示。

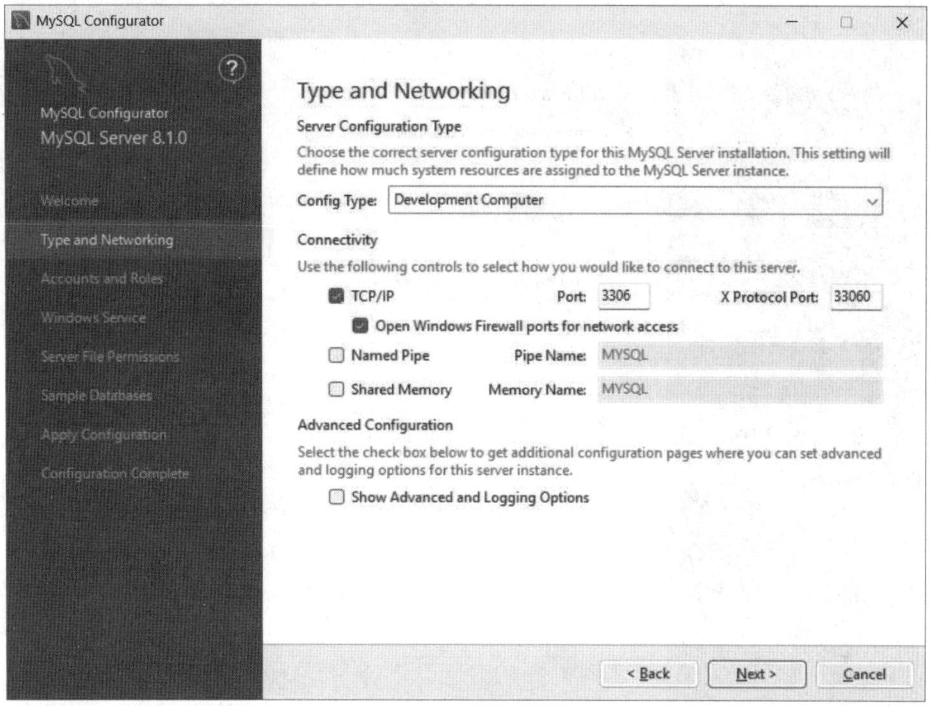

图 1-8　安装步骤 7

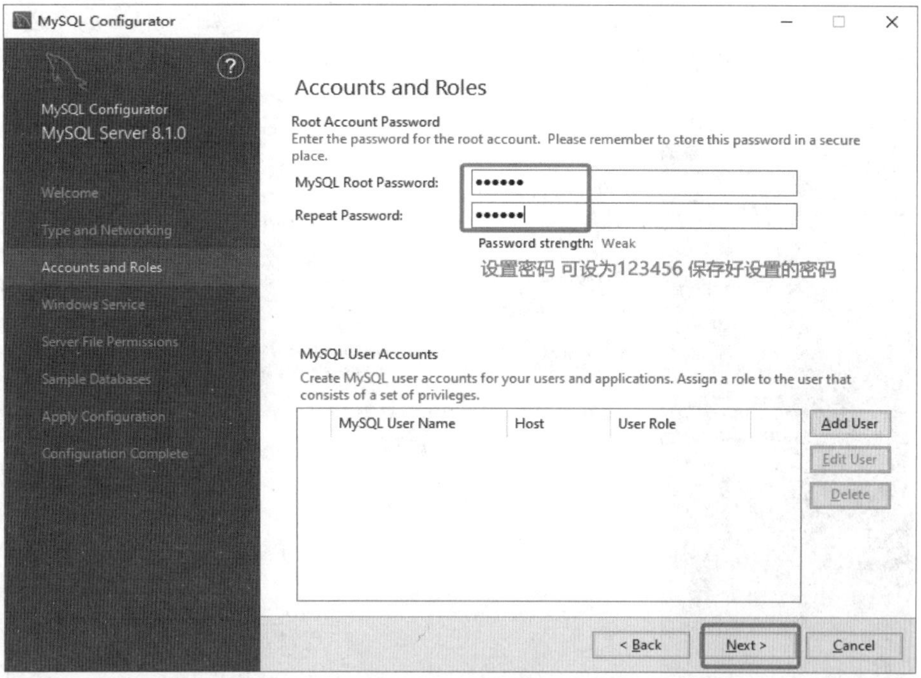

图 1-9　设置密码

⑨输入密码后单击Next按钮，进入图1-10所示界面。该界面中有MySQL在Windows系统中的服务名称，可在Windows服务窗口中根据该名称找到对应的服务，并启动或关闭服务。

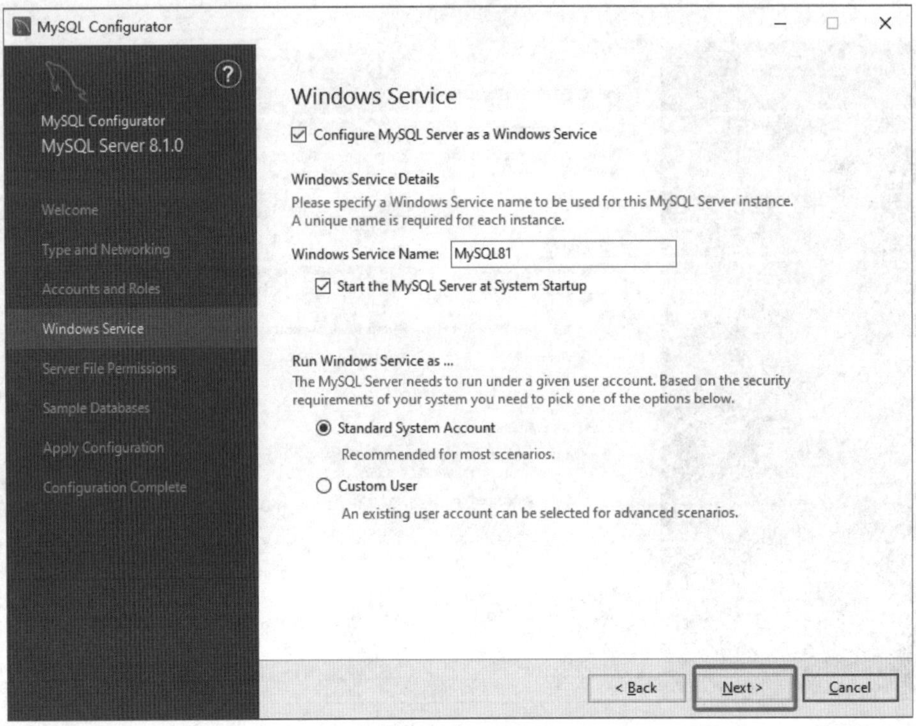

图 1-10　设置 Windows 服务

⑩单击Next按钮，进入服务对文件系统的访问权限配置界面，如图1-11所示。这里可设置MySQL服务器能够访问和操作哪些文件的目录，保持默认即可，单击Next按钮进入下一步。

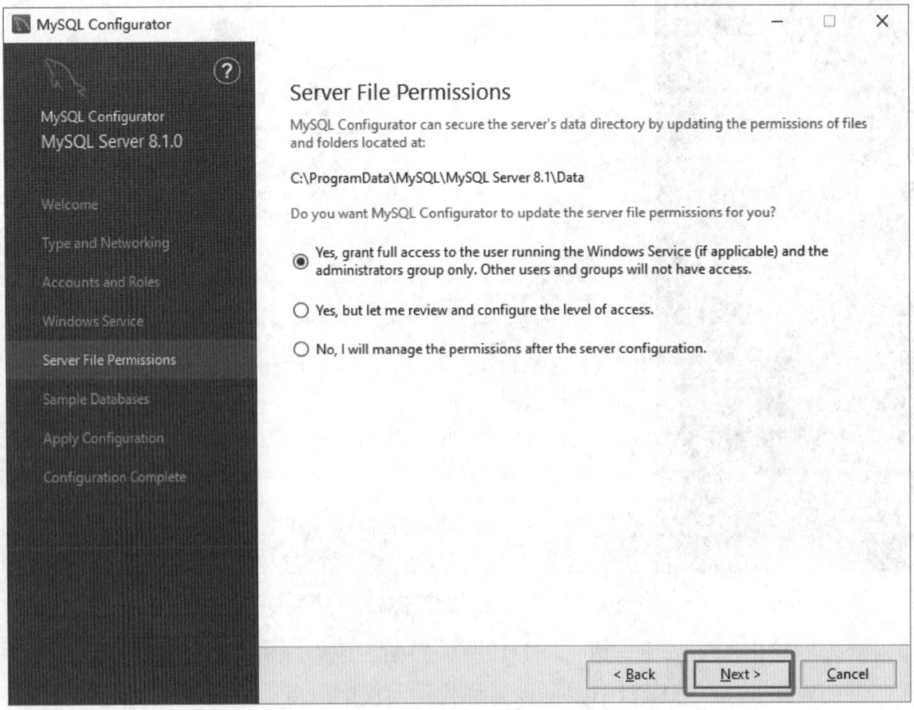

图 1-11　配置访问权限

⑪单击Next按钮进入创建示例数据库界面，如图1-12所示。MySQL官方提供了Sakila和World两个示例数据库，可以利用这两个数据库进行命令的学习与测试。

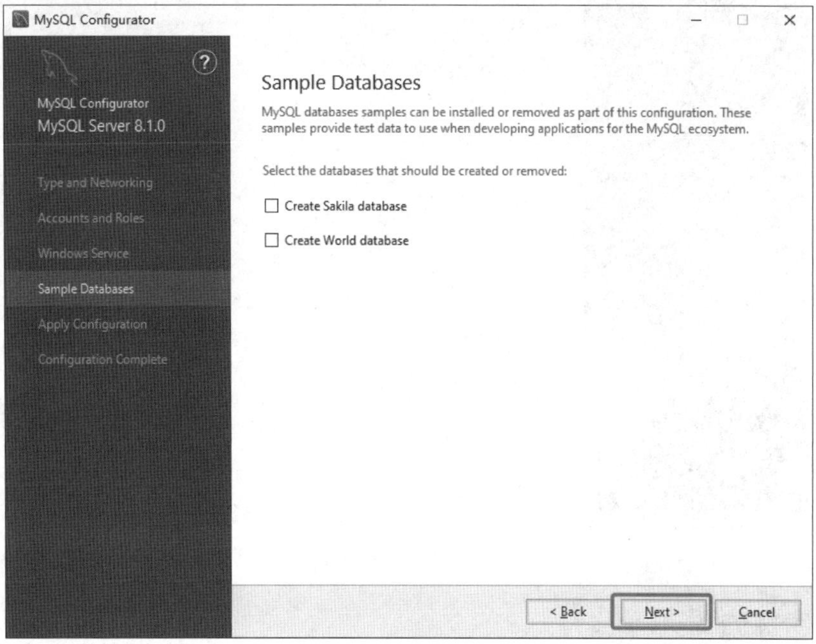

图 1-12　测试数据库

⑫单击Next按钮，进入最终的安装界面，如图1-13所示。此界面中列出了MySQL安装的配置步骤，单击Execute按钮开始安装，当界面中所有条目均被打钩时即安装结束。

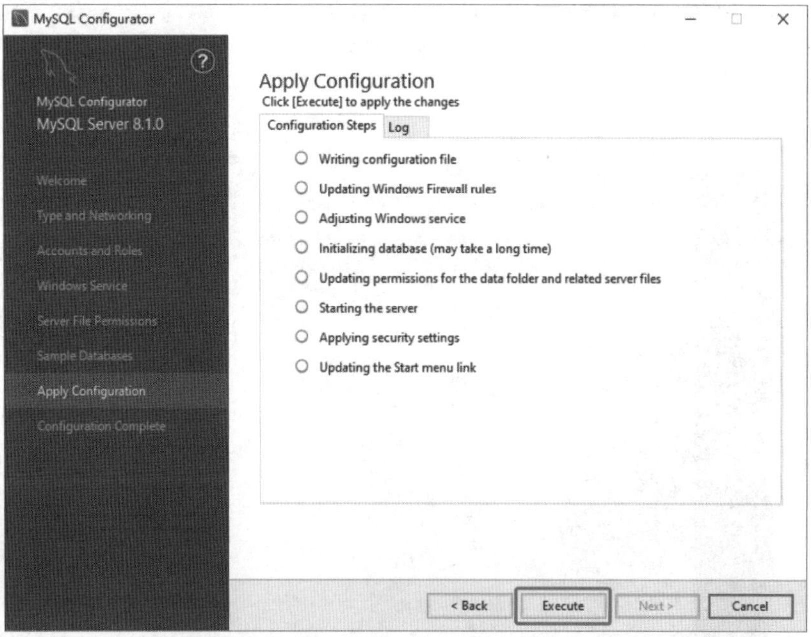

图 1-13　安装数据库

⑬进入完成界面，如图1-14所示，单击Finish按钮完成安装。

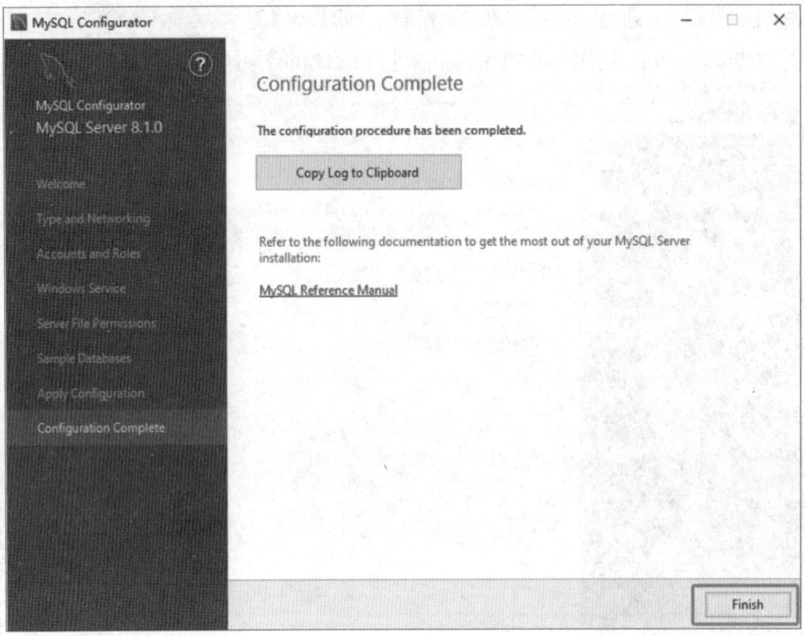

图 1-14　安装完成

1.2.3　配置环境

安装好MySQL之后，还需要配置环境变量，这样才可以在任何目录下连接MySQL。

①右击“此电脑”，选择“属性”命令，如图1-15所示。

②在打开的对话框中，选择左侧的“高级系统设置”选项，在打开的对话框中单击“环境变量”按钮，如图1-16所示。

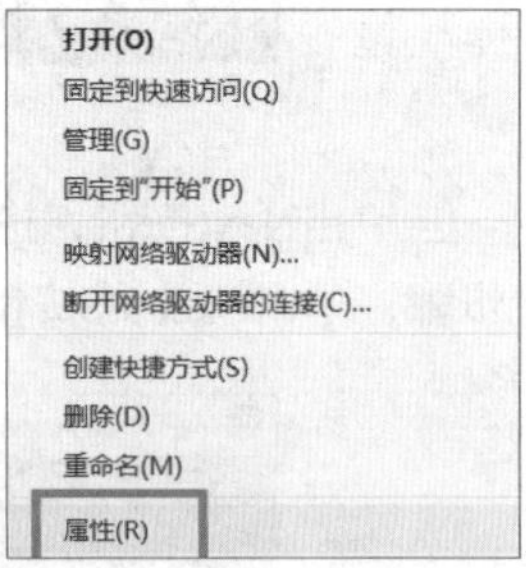

图 1-15　选择“属性”命令

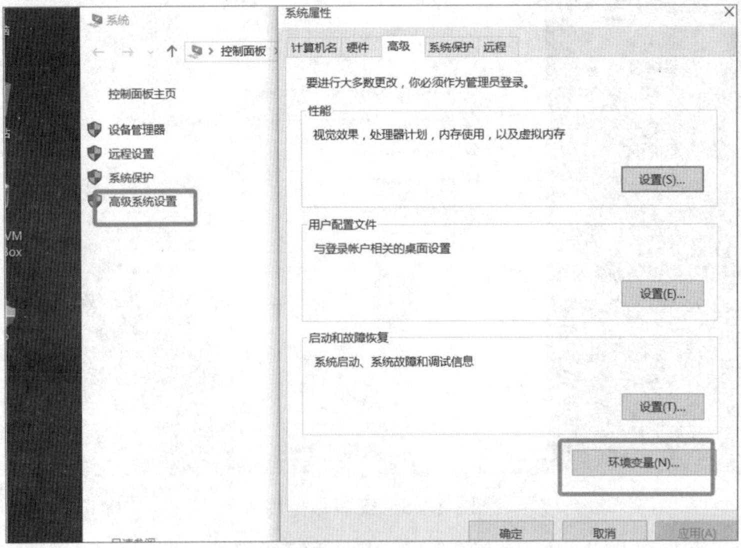

图 1-16　设置环境变量

③在“系统变量”中选择Path，单击“编辑”按钮，编辑后单击“确定”按钮，如图1-17所示。

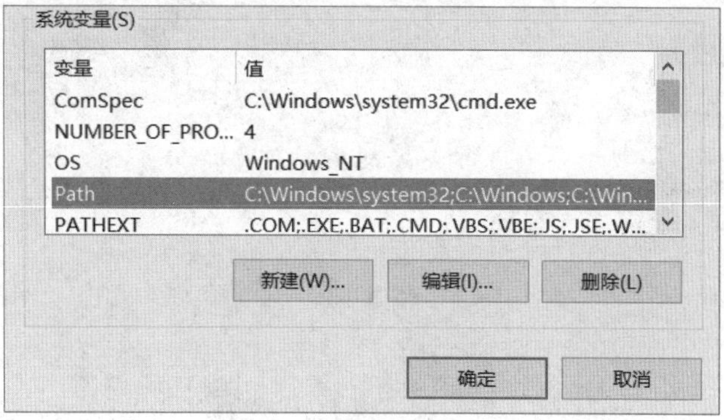

图 1-17　编辑系统变量

④在“编辑环境变量”对话框中单击“新建”按钮，将MySQL Server安装目录下的bin目录添加到环境变量，如图1-18所示。

图 1-18　添加环境变量

1.2.4　启动与停止数据库

MySQL安装完成之后，在系统启动时，会自动启动MySQL服务，无须手动启动。当然，也可以手动通过指令启动、停止。以管理员身份运行cmd，进入命令行执行如下指令，操作过程如图1-19所示。

```
net start mysql81
net stop mysql81
```

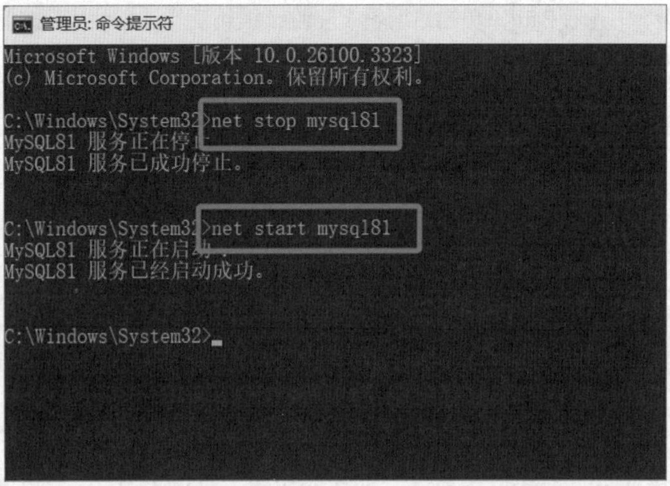

图 1-19　启动停止 MySQL

> **注意：**
>
> 上述的MySQL81是在安装MySQL时，默认指定的MySQL的系统服务名，不是固定的，如果未改动，默认就是MySQL81，如图1-20所示。

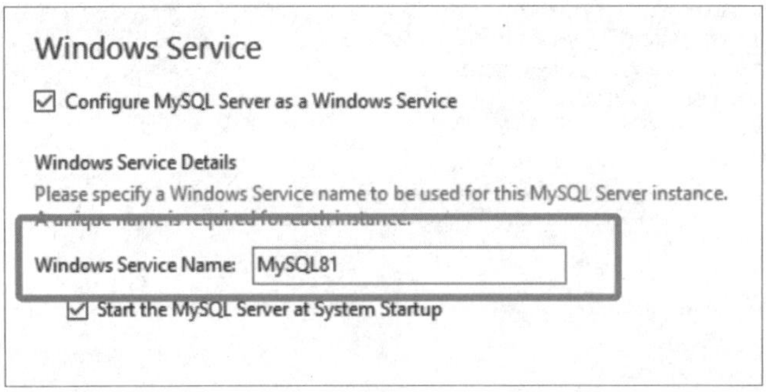

图 1-20　MySQL 系统服务名

1.2.5　客户端连接

方式一：使用MySQL提供的客户端命令行工具，如图1-21所示。

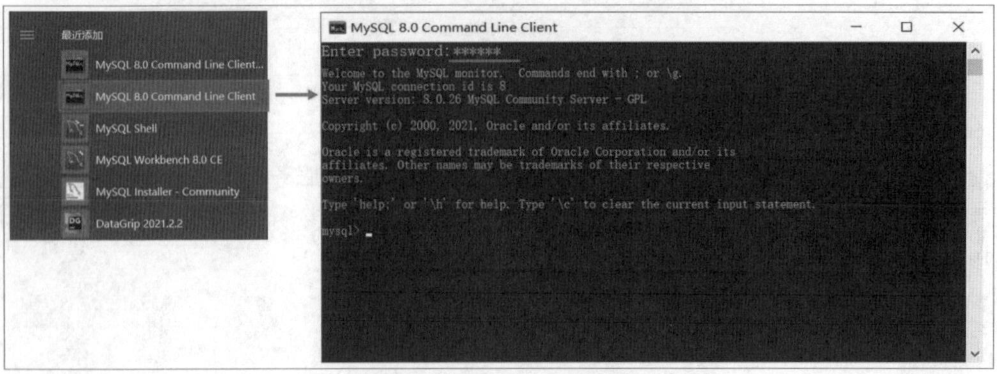

图 1-21　客户端命令行工具

方式二：使用系统自带的命令行工具执行指令。

```
MySQL [-h 127.0.0.1] [-P 3306] -u root -p
```

参数：

-h：MySQL服务所在的主机IP。

-P：MySQL服务端口号，默认3306。

-u：MySQL数据库用户名。

-p：MySQL数据库用户名对应的密码。

其中，“[]”内为可选参数，如果需要连接远程的MySQL，需要加上这两个参数来指定远程主机IP、端口，如果连接本地的MySQL，则无须指定这两个参数。

注意：
使用这种方式进行连接时，需要安装完毕后配置Path环境变量。

任务 1.3 了解学生信息管理系统

在数据库管理环境构建过程中，深度解析学生信息管理系统具有核心地位。本任务通过业务场景与技术实现的双向透视，构建起从业务需求到技术落地的完整认知桥梁。其核心价值体现在三个维度：

1. 系统认知构建

通过解构符合《教育信息化2.0行动计划》要求的典型SaaS架构，揭示学生全生命周期管理系统（涵盖招生、学籍、成绩、毕业等关键环节）的数据流动机制。采用E-R图与数据流图相结合的方式，直观展现数据模型的关联性，为后续数据库设计提供业务认知基础。

2. 场景化需求映射

基于万级并发（10 000+TPS）访问场景，明确系统需要支持的高可用性（99.99% SLA）架构设计需求。通过对比CAP定理与BASE模型，为混合云架构选型提供理论支撑，确保技术方案既满足教育部数据合规性要求，又符合行业最佳实践。

3. 实施路径指引

建立量化评估模型，对比关系型数据库（如MySQL InnoDB集群）与NoSQL（如MongoDB）在处理学生行为轨迹数据时的性能差异。引入TPC基准测试数据，为存储引擎选型提供决策依据。同时，结合《中华人民共和国数据安全法》要求，设计符合GDPR标准的数据脱敏方案。

该任务通过业务场景与技术实现的深度融合，为数据库概念设计、逻辑建模和物理实施提供全景式决策支持，确保系统架构既满足当前业务需求，又具备面向未来的扩展能力。

1.3.1 学生信息管理系统的重要性

学生信息管理系统是现代教育管理中不可或缺的一部分，其重要性主要体现在以下几方面：

①提高管理效率：随着学校规模的不断扩大和学生数量的急剧增加，传统的人工管理方式已经无法满足高效、准确的管理需求。学生信息管理系统通过自动化、数字化的手段，能够极

大地提高管理效率，减轻管理人员的工作负担。

②保证数据准确性：人工管理容易出现数据错误和遗漏，而学生信息管理系统通过严格的数据录入和校验机制，能够确保学生信息的准确性和完整性，为学校的决策提供可靠的数据支持。

③促进信息共享：学生信息管理系统能够实现学生信息的共享，使得不同部门之间能够方便地获取所需信息，提高协作效率。同时，学生也可以通过系统查询自己的相关信息，提高信息透明度。

④支持科学决策：系统能够生成各类报表和统计数据，为学校的决策者提供全面、准确的信息支持，有助于学校制定更加科学合理的决策。

1.3.2 学生信息管理系统的主要功能

学生信息管理系统通常具备以下主要功能：

①学生信息管理：包括学生基本信息的录入、查询、修改和删除等操作，如姓名、性别、年龄、班级、学号等。

②成绩管理：可以录入学生的各科成绩，并进行成绩的查询、修改和统计分析，如计算平均分、最高分、最低分等。

③班级管理：管理不同班级的学生信息，包括班级名称、班级人数等，并可以进行班级信息的查询和修改。

④报表生成：根据需要生成各类报表，如学生名单、成绩单、班级统计表等，方便查看和打印。

⑤用户权限管理：设置不同用户的权限，如管理员可以对所有数据进行操作，而学生只能进行查询操作，确保数据的安全性和隐私性。

1.3.3 学生信息管理系统的数据表介绍

学生信息管理系统通常包含多个数据表，以支持上述功能。以下是一些常见的数据表及其介绍：

①学生表（students）：存储学生的基本信息，如学号、姓名、性别、年龄、班级编号等，如图1-22所示。

名	类型	长度	小数点	不是 null	虚拟	键	注释
t_id	bigint	0	0	☑	☐	1	主键ID
t_code	varchar	10	0	☑	☐		学号
t_name	varchar	20	0	☑	☐		姓名
t_sex	varchar	2	0	☑	☐		性别
t_age	date		0	☑	☐		年龄
class_id	varchar	10	0	☑	☐		班级编号
major_id	varchar	0	0	☑	☐		专业编号

图 1-22 学生表

②成绩表（grades）：存储学生的成绩信息，包括学号、课程编号、成绩等。成绩表通常与学生表通过学号进行关联，如图1-23所示。

名称	类型	长度	小数点	不是 null	虚拟	键	注释
t_id	int			☑	☐	1	主键ID
t_code	varchar	10		☑	☐		学号
t_course	varchar	10		☑	☐		课程编号
t_grade	int			☑	☐		成绩

图 1-23 成绩表

③班级表（classes）：存储班级的基本信息，如班级编号、班级名称、班主任等，如图1-24所示。

名称	类型	长度	小数点	不是 null	虚拟	键	注释
t_id	int			☑	☐	1	主键ID
t_code	varchar	10		☑	☐		班级编号
t_name	varchar	50		☑	☐		班级名称
t_teacher	varchar	50		☑	☐		班主任

图 1-24　班级表

④用户表（users）：存储系统用户的信息，如用户名、密码、权限等。用户表用于控制不同用户对系统的访问权限，如图1-25所示。

名称	类型	长度	小数点	不是 null	虚拟	键	注释
t_id	int			☑	☐	1	主键ID
t_code	varchar	10		☑	☐		用户名
t_pwd	varchar	20		☑	☐		密码
t_auth	int			☑	☐		权限

图 1-25　用户表

⑤课程表（courses）：存储课程的基本信息，如课程编号、课程名称、任课教师等，如图1-26所示。课程表通常与成绩表通过课程名称或课程编号进行关联。

名称	类型	长度	小数点	不是 null	虚拟	键	注释
t_id	int			☑	☐	1	主键ID
t_code	varchar	10		☑	☐		课程编号
t_name	varchar	50		☑	☐		课程名称
t_teacher	varchar	50		☑	☐		任课教师

图 1-26　课程表

这些表之间通过外键关联，形成一个完整的数据库系统，支持学生信息管理系统的各项功能。

1.3.4　学生信息管理系统的设计原则

学生信息管理系统的设计应遵循以下原则：

①规范化原则：数据库设计应满足一定的规范化要求，如第二范式（2NF）和第三范式（3NF），以减少数据冗余和提高数据一致性。

②安全性原则：数据库应设置严格的访问控制机制，确保数据的安全性和隐私性。不同用户应具有不同的访问权限，以防止未授权访问和数据泄露。

③可扩展性原则：数据库设计应考虑到未来可能的扩展需求，如新增功能模块、增加用户数量等。因此，在设计时应预留足够的扩展空间，以便在需要时进行扩展。

④性能优化原则：数据库设计应考虑到查询和更新操作的性能需求。通过合理的索引设计、查询优化等技术手段，提高数据库的查询和更新效率。

⑤维护性原则：数据库设计应便于维护和管理。这包括数据库的备份与恢复、数据迁移、故障排查等方面的考虑。设计时应确保数据库结构清晰、易于理解和管理。

以上原则旨在指导智慧校园数据库的设计和实施，以确保数据库系统的稳定性、安全性、可扩展性和可维护性。

项目 1 实训：数据库的搭建和配置

1. 实训目的

①熟悉数据库环境的基本搭建流程。

②理解数据库管理系统（DBMS）的安装与配置方法。

③掌握创建数据库及数据表的基本操作。

2. 实训内容

①选择并安装数据库管理系统：用户需要选择一个适合学习的数据库系统（如MySQL、SQLite等），并完成安装过程。

②配置数据库服务器：根据安装指引，完成数据库服务器的基本配置，包括端口设置、字符集选择等。

③创建数据库：使用SQL语句或数据库管理工具，创建一个新的数据库，并为其设置合适的名称。

④设计并创建数据表：根据业务需求，设计数据表结构，并使用SQL语句创建数据表，包括字段定义、数据类型选择及约束设置等。

⑤数据插入与查询：向数据表中插入一些示例数据，并学习使用SQL语句进行数据查询，验证数据表结构的正确性。

3. 实训小结

通过本次实训，用户不仅可掌握数据库环境的基本搭建流程，还可学会数据库及数据表的创建方法，为后续深入学习数据库知识打下了坚实的基础。同时，实训过程中也可培养用户的动手能力和问题解决能力，为未来的数据库管理工作积累宝贵经验。

项目小结

本项目聚焦 MySQL 数据库安装与环境配置，为数据库学习奠定基础。通过详细步骤指导，学生掌握 MySQL 安装核心流程，包括版本选择、环境变量配置及 root 密码设置。重点强调端口冲突排查、服务注册管理及防火墙配置等关键细节，确保数据库服务稳定运行。实践环节验证安装成果，通过命令行与图形工具连接数据库，执行基础 SQL 语句，深化理论理解。本项目可为后续数据库操作与管理奠定技术基础，是数据库学习旅程的起点。

课后习题

一、选择题

1. 关于数据库在学生信息管理中的应用，以下（　　）说法不正确。

A. 数据库可以集中存储和管理学生、教职工等的基本信息

B. 数据库能够支持复杂的查询操作，如按班级统计学生成绩

C. 数据库设计不需要考虑未来可能的需求变化，因为可以随时修改

D. 数据库可以提高学校信息化管理的效率

2. 在数据库设计过程中，本项目提到的（　　）是确保数据准确性和一致性的关键。

A. 需求分析　　B. 数据规范化

C. 数据库安装　　D. 性能优化

3.（　　）不是安装数据库时常见的错误原因。

A. 安装包不完整　　B. 硬件配置不足

C. 数据库版本与操作系统版本不兼容　　D. 数据库已存在但无冲突

4. 在Windows环境下配置MySQL服务器时，默认使用的用户通常是（　　）。

A. root　　B. admin

C. guest　　D. mysql

5. 在安装数据库时，为确保数据的安全性，以下（　　）不是必要的。

A. 设置强密码　　B. 启用加密技术

C. 允许所有用户访问　　D. 限制访问权限

二、填空题

1. 学习了数据库的基本概念，其中提到数据库是数据的集合，按照一定的结构组织并存储在____________中，可供各种用户共享。

2. 设计智慧校园数据库时，了解到数据库通常包含多个数据表，其中____________表用于存储学生的基本信息，如姓名、学号等。

3. 在设计智慧校园数据库时，为了防止数据冗余和提高查询效率，需要对数据库进行____________，即将数据组织成符合一定规则的表结构。

项目 2 数据模型的规划与设计

学习目标

◎知识目标

• 理解数据库设计的概念。

• 了解设计关系型数据库的步骤。

• 掌握三大范式的概念和要求。

• 掌握关系数据库的规范化设计。

◎能力目标

• 能够独立设计关系数据库的 E-R 图。

• 具备 E-R 图转换为关系模型的能力。

• 熟练使用 Visio 软件绘制 E-R 图。

• 具备规范化设计数据库的能力。

◎素质目标

• 鼓励学生敢于探索，勇于提出新想法、新观点，使学生具备创新思维和解决问题的能力。

• 引导学生通过小组讨论的形式对智慧校园系统数据库的功能、概念模型等进行设计，使学生具备团队协作、互助意识。

项目简介

数据模型的规划和设计是数据库系统开发和维护的重要环节，它涉及对数据的组织、结构、操作和约束的规划和设计。通过合理的数据模型规划和设计，可以确保数据的质量、提高数据处理的效率、支持业务决策。在项目实施过程中，需要关注需求分析、概念模型设计、逻辑模型设计、物理模型设计、数据模型评审、数据模型实施和数据模型维护等关键环节，并使用合适的技术和工具来支持项目的实施。根据系统的需求分析设计出关系数据库的实体 - 关系图(E-R 图)，并优化合并为全局的 E-R 图，最终转换为数据库的关系模型，是本项目的重点内容。

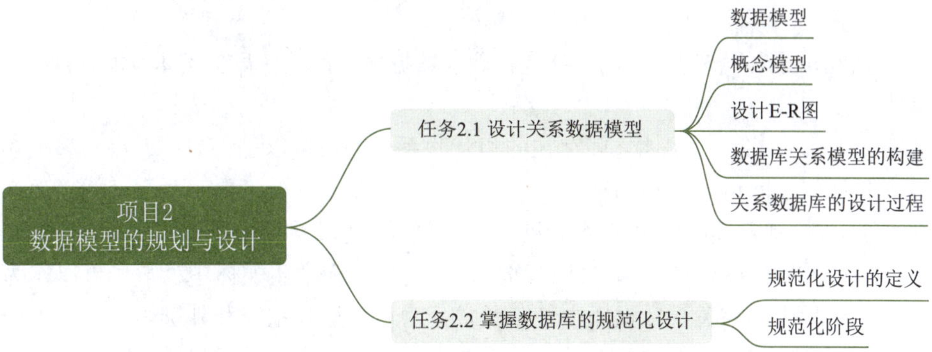

任务 2.1　设计关系数据模型

2.1.1　数据模型

数据模型（data model）是数据特征的抽象，它从抽象层次上描述了系统的静态特征、动态行为和约束条件，为数据库系统的信息表示与操作提供一个抽象的框架。数据模型按不同的应用层次分成三种类型：概念数据模型、逻辑数据模型、物理数据模型。这三种类型的数据模型是数据库设计过程中的产物，第一阶段根据需求定义概念与实体的关系，即概念模型设计；第二阶段则是在概念模型的基础上进一步细化和精炼的模型，同时考虑到了数据的完整性、一致性和安全性，即逻辑模型；第三阶段是将逻辑数据模型转换为实现细节和物理存储结构的数据库表，即物理模型（本任务重点学习概念模型的设计）。然后在数据发展过程中产生了三种基本的数据模型，即层次模型、网状模型和关系模型。这三种模型是按其数据结构而命名的，前两种采用格式化的结构。在这类结构中实体用记录型表示，而记录型抽象为图的顶点。记录型之间的联系抽象为顶点间的连接弧，整个数据结构与图相对应。其中层次模型的基本结构是树状结构；网状模型的基本结构是一个不加任何限制条件的无向图；关系模型为非格式化的结构，用单一的二维表的结构表示实体及实体之间的联系。关系模型是目前数据库中常用的数据模型层，本书所讨论的MySQL数据库的数据结构模型就是关系模型。

2.1.2　概念模型

1. 概念模型的定义

概念模型（conceptual model）是一种对现实世界中的实体、属性及其相互关系的抽象表示。它是数据库设计过程中的一个关键阶段，位于逻辑设计之前，主要用于帮助设计者和用户理解系统的业务逻辑和数据需求。

概念模型不依赖于具体的数据库管理系统（DBMS）或数据存储技术，而是从业务角度和用户需求出发，用易于理解和沟通的方式描述系统应该包含哪些数据实体、这些实体有哪些属性以及它们之间如何相互关联。

概念模型通常包含以下基本要素：

①实体（entity）：现实世界中可以区别于其他对象的“事物”或“概念”，在数据库中表现

为表。例如，员工、产品、订单等都可以是实体。

②属性（attribute）：描述实体的特征或特性的数据项。例如，员工实体可能有姓名、年龄、性别等属性。

③关系（relationship）：实体之间存在的相互联系。关系可以是一对一、一对多或多对多。例如，员工和部门之间可能存在一种“属于”的关系，即一个员工属于一个部门；而产品和订单之间则可能存在一种“包含”的关系，即一个订单可以包含多个产品。

④键（key）：唯一标识实体的属性集称为键。例如，在学生实体中，学号可以作为一个键来唯一标识一个学生。在关系数据库中，键通常分为候选键、主键和外键等。其中，若一个关系有多个候选键，选定一个作为关系的主键。如果关系中只有一个候选键，则这个唯一的候选键就是主键。主键能唯一确定一个元组，确定一个实体主键用于唯一标识表中的每一行；外键则用于与其他表建立关联。

⑤实体集（entity set）：同一类型实体的集合称为实体集。全体学生就是一个实体集，它包含了所有学生的实体。

2. E-R 图表示

概念模型通常使用图形化工具来表示，如E-R图。E-R图通过矩形表示实体、椭圆形表示属性、菱形表示关系，并使用线条将实体和关系连接起来，以直观地展示系统的数据结构和业务逻辑。

【例2.1】在某学校，学生实体具有姓名、学号、性别等属性，可以选修一些课程，课程实体具有课程名称和课程编号属性，两个实体之间存在选修的关系。绘制学生和课程及其关系的E-R图如图2-1所示。

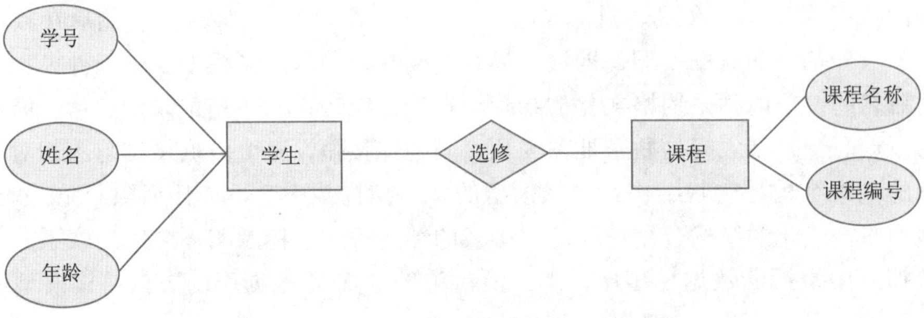

图 2-1　学生和课程及其关系的 E-R 图

在图2-1中，共存在两个实体。实体之间的联系（关系）有三种，分别是：一对一、一对多、多对多。

一对一联系指实体集中的一个实体最多只与另一个实体集中的一个实体相联系。例如，电影院的座位实体和观众实体之间的联系，校长与学校之间的联系等。

一对多联系表示实体集中的一个实体可与实体集中的多个实体相联系，如果实体A中的每个实例在实体B中有n个实例（$n \geqslant 0$）与之联系，而实体B中每个实例在实体A中只有一个实例与之联系，则称实体A与实体B是一对多联系。例如，部门和职工两个实体集之间的联系，多个职工在同一个部门工作。

多对多联系表示实体集中的多个实体可与另一个实体集中的多个实体相联系。例如，工程项目和职工两个实体集之间的联系；学生和课程，一个学生可以选修多门课程，一门课程也可以被多个学生选修，因此学生和课程之间是多对多的联系，记作$m:n$，如图2-2所示。

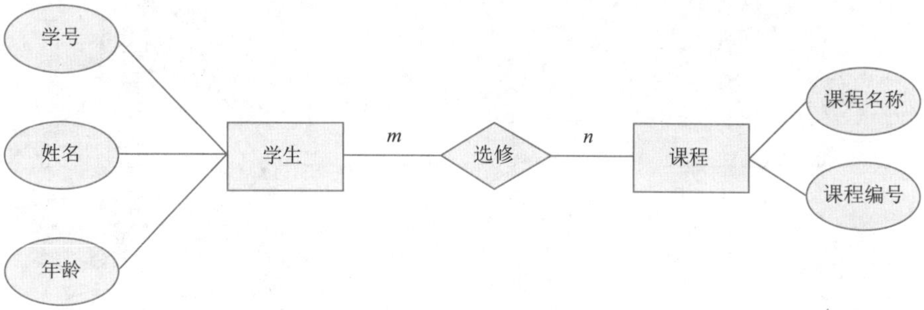

图 2-2　多对多 (m∶n) 联系的 E-R 图

2.1.3　设计 E-R 图

采用E-R图方法的概念结构设计可分为如下三步：

①设计局部E-R模型。局部E-R模型的设计内容包括确定局部E-R模型的范围、定义实体、联系以及它们的属性。

②设计全局E-R模型。这一步是将所有局部E-R图集成为一个全局E-R图，即全局E-R模型。

③优化全局E-R模型。

1. 设计局部 E-R 图

设计局部E-R图的第一步是识别实体与属性，确定实体集合：实体是客观上可以相互区分的事物，可以是具体的人和物，也可以是抽象的概念与联系。用矩形框表示这些实体，在框中记入实体名。

选择实体集应包含的属性：属性用于描述实体的特征。使用椭圆形框表示实体或联系的属性，将属性名记入框中。对于主属性名，则在其名称画线以标识作为主键。

第二步是确定实体间的关系，联系（关系）是信息世界中反映实体内部或实体之间的关联，使用菱形框表示联系，在框中记入联系名。实体间的联系可以分为一对一（1:1）、一对多（1:*n*）和多对多（*m*:*n*）三种类型。在用线将表示联系的菱形框与实体集连接起来时，需要在线旁注明联系的类型。例如，一对多联系应在一的一方写1，多的一方写*n*；多对多关系则应在两个实体连线方向各写*n*或*m*。

第三步则是绘制E-R图，根据前面确定的实体集合及属性，在E-R图中绘制出所有的实体集，并用矩形框表示，用椭圆形框表示这些属性，然后用线段将属性与其对应的实体集连接起来。

然后根据实体间确定的关系，使用菱形框表示联系，并用线段将联系与相关的实体集连接起来。在线段旁标注出联系的类型。如果实体集具有标识符（即主键），则需要在其对应的属性下方画横线来标注实体标识符。

【**例2.2**】假如某公司要构建一个管理系统，具有以下需求：

①部门层面：

员工：员工编号、员工姓名、性别、手机号、岗位。

部门：部门名称、部门领导。

②公司层面：

公司：公司名称、公司地址、公司部门。

设计某个部门的E-R图，如图2-3所示。

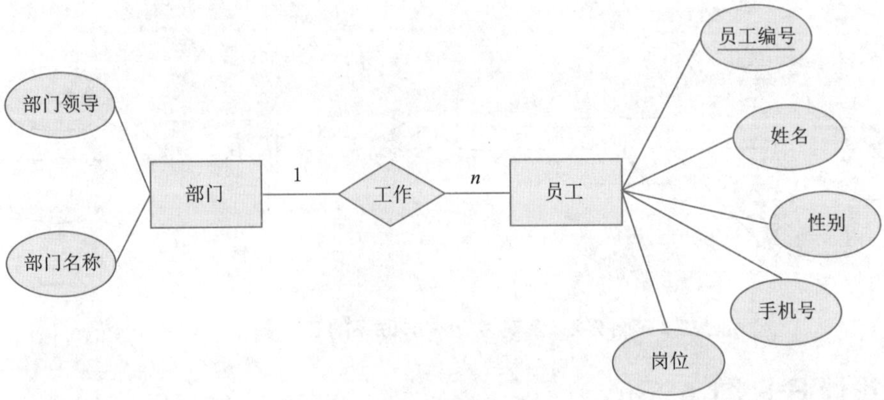

图 2-3　部门 E-R 图

设计公司的E-R图，如图2-4所示。

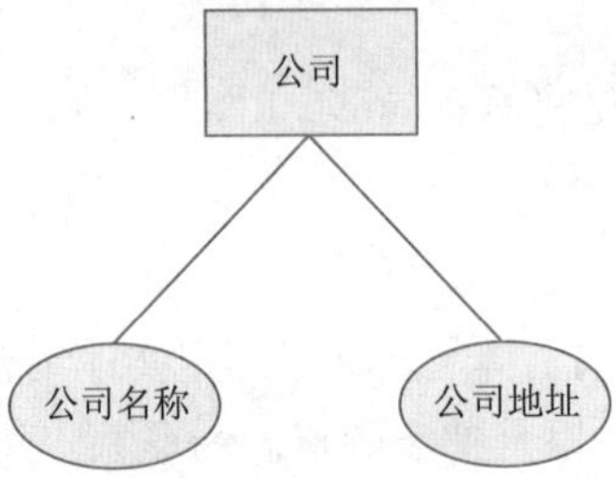

图 2-4　公司 E-R 图

2. 合并局部 E-R 图

针对局部设计完成E-R图后，需要将所有局部E-R图合并为一个完整的E-R图。在合并过程中，需要注意以下事项：

（1）确定全局E-R图的范围

首先明确全局E-R图需要涵盖哪些局部E-R图，这通常取决于系统的整体需求和业务逻辑，确保全局E-R图能够完整地反映所有相关子系统的数据结构。

（2）合并局部E-R图

①层次合并：适用于局部E-R图之间存在明显层次关系的情况，按照层次结构逐步合并。

②平行合并：适用于局部E-R图之间无明显层次关系的情况，直接将各局部E-R图作为平行组件合并到全局E-R图中。

③逐步合并：通常从具有最多公共实体型的局部E-R图开始合并，逐步加入其他局部E-R图，直至形成完整的全局E-R图。

（3）消除冲突

①属性冲突：包括属性值的类型、取值范围或取值集合不同，需要协商解决。

②命名冲突：包括同名异义和异名同义两种情况，需要统一命名规则。

③抽象冲突：同一对象在不同局部E-R图中被当作实体或属性处理，需要根据全局视角进行调整。

④联系冲突：实体之间的联系类型在不同局部E-R图中可能不一致，需要根据全局业务逻辑进行统一。

3. 完善全局 E-R 图

①检查完整性：确保全局E-R图中的实体、属性和关系是完整的，没有遗漏。

②优化结构：根据需要对全局E-R图的结构进行优化，以提高其清晰度和可读性。

③文档化：为全局E-R图编写详细的文档说明，包括各实体、属性和关系的定义、约束条件等。

【例2.3】按照上述原则对部门和公司两个E-R图进行合并，得到一个整体全局的公司管理系统的E-R图，如图2-5所示。

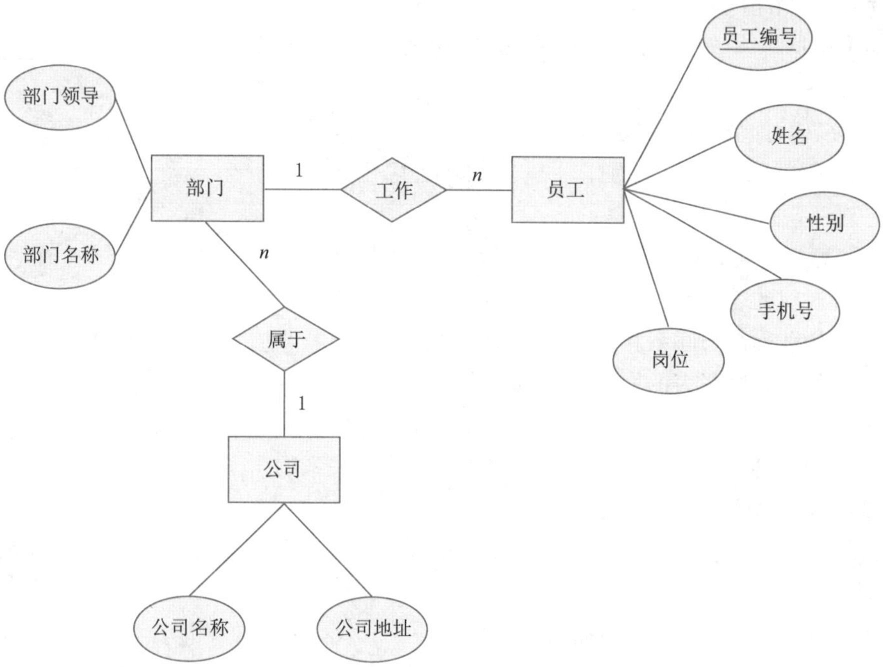

图 2-5　全局 E-R 图

2.1.4　数据库关系模型的构建

1. 关系模型概述

关系型数据库系统（MySQL）的数据结构模型是关系模型，关系模型是现在大部分数据库系统所采用的数据结构模型。关系模型是一种数据的逻辑结构，它采用二维表（也称为关系表）来描述事物的属性，并通过二维表之间的关联来表示事物之间的联系。在关系模型中，实体和实体间的联系都统一用关系来表示，使得数据的表示更加直观和易于理解。

关系模型的基本组成要素包括实体、关系和属性。具体来说，一个关系可以看作是一个二维表，表中的每一行代表一个实体（也称为元组），每一列代表一个属性，而每个单元格中的值则是对应属性的值。

在关系模型中，还有一些基本术语需要了解：

①元组（tuple）：二维表中的一行，代表一个实体。

②属性（attribute）：二维表中的一列，代表一个属性。

③关系模式（relation schema）：对关系的描述，包括关系名、属性名以及属性的数据类型等。

④键（key）：能够唯一标识一个元组的属性或属性集。

⑤主键（primary key）：在多个候选键中指定一个作为唯一标识元组的键。

⑥外键（foreign key）：一个关系中的属性，是另一个关系的主键，用于表示两个关系之间的联系。

2. E-R 图转换关系模式

（1）实体的转换

一个实体映射为一个关系模式。实体名就是关系名，实体的属性就是关系的属性，实体的主键就是关系模式的主键。

【例2.4】根据实体员工E-R图（见图2-6），转化为员工关系模式。

根据图2-6转化为员工关系模式如下：

员工（员工编号，姓名，性别，手机号，岗位）。

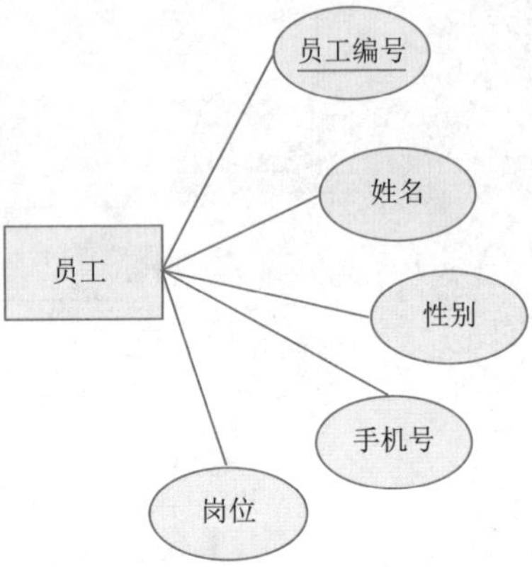

图 2-6　员工 E-R 图

（2）一对一联系的转换

一个1：1联系，可以转换为一个独立的表，也可以与任意一端的实体所对应的表合并。如果单独转换为一张表，则联系的名称作为表的名称，与联系相关联的两个实体的主键以及联系本身的属性都作为这张表的属性，任选一个与之相关联的实体的主键作为转换后关系模式的主键。如果与某端实体所对应的关系合并，则需要在该关系中添加另一端实体转换后关系的主码和联系本身的属性作为该表的属性。

【例2.5】在图2-7中，经理和部门两个实体的联系是一对一，转化为关系模式如下（不仅局限于这一种模式）：

经理（人员编号，姓名，部门编码）

部门（部门编号，部门名称）

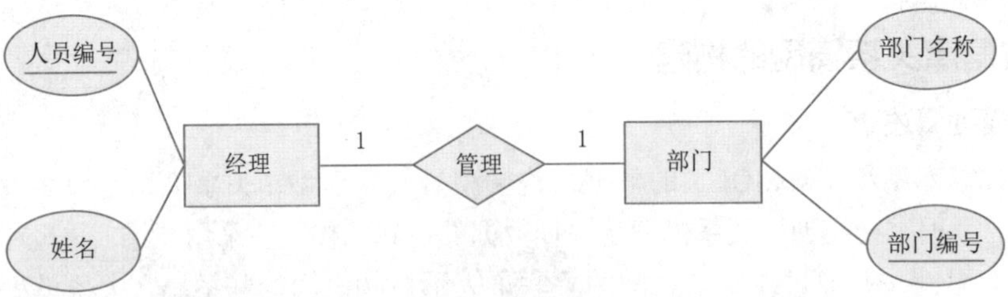

图 2-7　一对一联系 E-R 图

（3）一对多联系的转换

一个一对多的联系，可以单独转换为一张表，也可以合并到多端实体所对应的表中。

如果单独转换为一张表，则联系的名称作为表的名称，与联系相关联的两个实体的主键以及联系本身的属性都作为这张表的属性，与联系相关联的多端实体的主键作为联系转换后关系的主键。

如果与多端实体所对应的表合并，则需要在该表中添加一端实体所对应表的主键和联系本身的属性作为该表的属性。

【例2.6】在图2-8中，部门实体和员工实体是一对多的联系，根据图中联系转换为关系模式，结果如下：

员工（员工编号，姓名，性别，手机号，部门编号）

部门（部门编号，部门领导，部门名称）

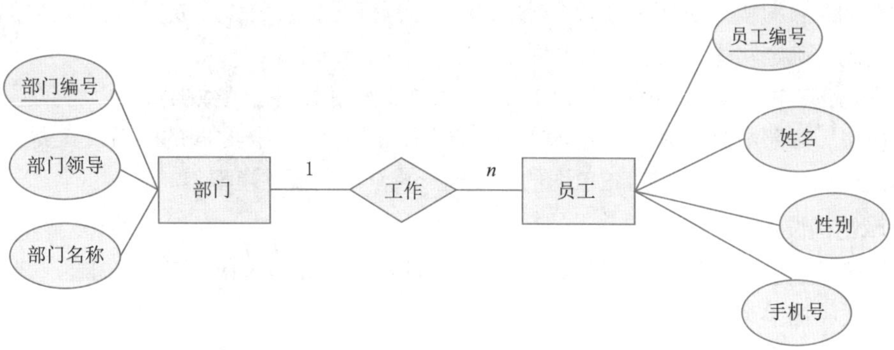

图 2-8　一对多联系 E-R 图

（4）多对多联系的转换

一个m：n联系只能映射为一个独立的关系模式。

联系的名称作为表的名称，相关联的两个实体的主键以及联系本身的属性都作为该表的属性，两端实体的主键联合起来作为该表的主键。

【例2.7】在图2-9中，学生实体和课程实体之间的联系是多对多，转换为关系模式的结果如下：

学生（学号，姓名，年龄）

课程（课程编号，课程名称）

选修（学号，课程编号）

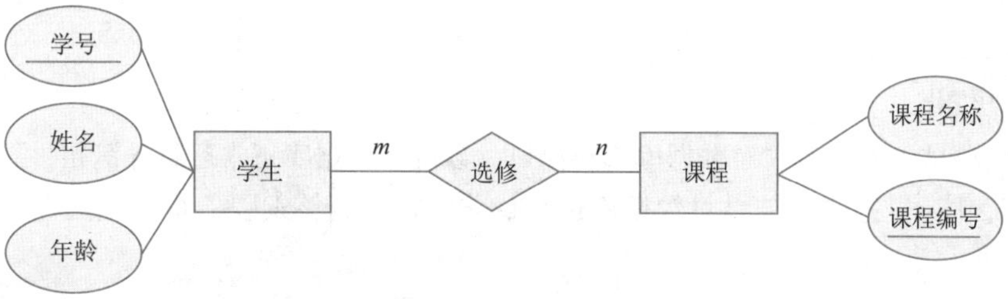

图 2-9　多对多联系 E-R 图

2.1.5　关系数据库的设计过程

关系数据库的设计是一个复杂而有挑战的过程，它涉及多个步骤以确保数据库能够满足业务需求并高效地运行。以下是关系数据库设计的主要步骤：

1. 需求分析

①收集业务需求：首先，需要收集和评估业务需求，明确数据库设计的目标。这包括了解用户的数据需求、处理需求、安全性和完整性要求。

②需求细化：进一步细化需求，将其转化为用户能够理解的模式，便于进一步沟通并获取可能遗漏的客户需求。

③需求分析方法：通过访谈、问卷调查、查阅历史记录等方式进行需求收集，并使用自顶向下或自底向上的分析方法，以及数据流图和数据字典等工具来描述系统。

2. 概念结构设计

①数据抽象：对需求分析阶段收集到的数据进行分类、组织，形成实体、实体的属性，并标识实体的码，确定实体之间的联系类型（如1:1，1:n，n:m）。

②设计局部E-R图：逐一设计分E-R图，每个局部应用对应一组数据流图，将数据从数据字典中抽取出来，参照数据流图，标定该应用中的实体、属性和实体之间的联系及其类型。

③集成全局E-R图：解决局部E-R图的冲突，形成全局的概念模型。

3. 逻辑结构设计

①关系模式转换：利用E-R图得到关系模式，即将概念模型转换为某个DBMS（关系数据库管理系统）支持的关系模型。

②关系模式优化：根据规范化理论（如第一范式、第二范式、第三范式等），对关系模型进行优化，以减少数据冗余和提高数据一致性。

4. 物理结构设计

①选取物理结构：为关系模型选取一个最适合应用环境的物理结构，包括存储结构和存取方法。

②性能预测：对物理结构进行评价和性能预测，确保数据库在实际运行中的效率。

5. 实施和维护

①数据库建立：运用RDBMS提供的数据语言，根据逻辑设计和物理设计的结果建立数据库，编制与调试应用程序，并组织数据入库。

②系统试运行：进行系统的试验性运行，确保数据库能够正常工作。

③运行和维护：数据库应用系统经过试运行后即可投入正式运行。在数据库系统的运行过程中必须不断地对其进行评价、调整与修改，以确保数据库可以顺利运行。

6. 测试和优化

①数据库测试：根据需求对数据库进行测试，以确保数据库正常运行并满足性能要求。

②性能优化：根据测试结果对数据库进行优化，包括调整索引、查询优化等，以提高数据库的性能。

任务 2.2　掌握数据库的规范化设计

2.2.1　规范化设计的定义

数据库规范化设计是将数据库组织成符合一定规则和标准的过程，其核心目标是减少数据库中的数据冗余，提高数据完整性，并确保数据之间依赖关系的清晰表达。通过将数据分解成更小、更独立的表格并建立适当的关系，规范化确保了数据的唯一性、完整性和无歧义性。

2.2.2　规范化阶段

数据库规范化通常分为几个阶段或“范式”，每个范式都有特定的规则和标准：

①第一范式（1NF）：要求消除重复的列，从而确保每个列都包含原子值。原子值是指一个列中的数据不能再分解成更小的部分。

例如，一个包含客户信息的表格，如果将客户的姓名和地址放在同一个列中，就违反了第一范式的要求。为了符合第一范式，需要将姓名和地址分成两个独立的列。

视频

例2.8

②第二范式（2NF）：在第一范式的基础上，消除非主属性对部分关键字的依赖，即所有非主属性完全依赖主键，消除部分依赖。部分依赖是指一个非主属性仅依赖于主关键字的一部分，而不是整个主关键字。第二范式要求每个表只描述一种关系模式，对达不到第二范式要求的关系要进行拆分。

【例2.8】有一张项目数据的关系模式见表2-1，分析表中数据，是否符合第二范式。

表2-1　项目表

员工编号	姓　名	职　务	项目名称	小时薪资/元	工作时间/h
1001	张文	技术员	贸易大厦	80	120
1002	伍德	工程师	广场	100	80
1003	王道	工人	贸易大厦	60	150
1004	胡大海	经理	贸易大厦	200	140
1003	王道	工人	广场	60	160
1001	张文	技术员	写字楼	80	150
1005	时点	技术员	贸易大厦	80	100

数据分析：在表2-1中，如果想修改编号为1001的职务，那么需要修改所有员工编号为1001的行；删除某个员工时，也需要删除该编号的所有行数据；如果要添加一个员工，还需要虚构一个项目和工作时间；数据冗余：小时薪资重复出现。

因此该关系模式不符合第二范式，非主属性（姓名，职务，小时薪资）部分依赖主键（员工编号，项目名称），应进行拆分关系模式。将表2-1拆分为员工信息表和项目信息表，见表2-2和表2-3。

表2-2　员工信息表

员工编号	姓　名	职　务	小时薪资/元
1001	张文	技术员	80
1002	伍德	工程师	100
1003	王道	工人	60
1004	胡大海	经理	200
1005	时点	技术员	80

表2-3　项目信息表

员工编号	项目名称	工作时间/h
1001	贸易大厦	120
1002	广场	80
1003	贸易大厦	150
1004	贸易大厦	140

续表

员工编号	项目名称	工作时间/h
1003	广场	160
1001	写字楼	150
1005	贸易大厦	100

③第三范式（3NF）：满足第二范式的基础上，消除非主属性对主关键字的传递依赖。传递依赖是指一个非主属性依赖于另一个非主属性，而这个非主属性又依赖于主关键字。

【例2.9】在表2-2中，分析关系模式是否符合第三范式。

数据分析：相同的职务小时薪资重复出现，职务依赖员工编号主键，而小时薪资又依赖于职务，一个非主属性依赖另一个非主属性。因此，要对表2-2进行拆分，分为员工表和职务表，见表2-4和表2-5。

表2-4　员工表

员工编号	姓　名	职　务
1001	张文	技术员
1002	伍德	工程师
1003	王道	工人
1004	胡大海	经理
1005	时点	技术员

表2-5　职务表

职　务	小时薪资/元
技术员	80
工程师	100
工人	60
经理	200

总结：

第一范式：每列数据不可再分。

第二范式：建立在第一范式基础上，消除部分依赖。

第三范式：建立在第二范式基础上，消除传递依赖。

项目 2 实训：关系数据库的设计

1. 实训目的

①根据需求设计智慧校园系统全局E-R图。

②够将E-R图转换为数据库的关系模型。

③使用三大范式对关系模型进行规范化。

④完善并优化整个智慧校园系统数据库关系模型。

2. 实训内容

智慧校园系统，根据系统需求分析，得到以下实体：

①学生实体：学号、班级、姓名、性别、年龄、专业、入学时间。

②教职工实体：教职工编号、姓名、性别、年龄、职务、所属部门。

③课程实体：课程编号、课程名称、学号、授课教师。

④通知实体：通知编号、通知内容、通知时间。

学生和课程之间存在选修联系，并衍生出成绩的属性；教师与课程之间存在授课的联系等。请思考并联想，绘制该数据库的E-R图，并转换为关系模型，最终规范化并优化系统的关系模型。

3. 实训小结

通过本次实训可掌握绘制数据库概念模型E-R图的方法，能够熟练运用关系数据模型的基本知识将 E-R 图转换为关系模型，对关系模型能应用关系规范化方法进行规范化和优化，并根据项目需求设置表格的主键和外键。

项目小结

本项目深入探讨了数据库关系模型的设计原理与实践，明确了实体、属性及关系三大核心要素。通过需求分析，识别出关键实体并定义了其属性，随后利用E-R图直观展示了实体间的一对一、一对多及多对多关系，并总结归纳了关系数据库的设计过程。为减少数据冗余，要严格遵循规范化理论，将数据库分解为多个关联表，确保数据一致性与完整性。本项目不仅为数据库设计奠定了坚实基础，也为后续系统开发提供了清晰的数据架构蓝图。

课后习题

一、选择题

1. 关系模式中，满足2NF模式的（　　）。

A. 可能是1NF　　B. 必定是1NF

C. 必定是3NF　　D. 必定是BCNF

2. 关系模式的候选关键字可以有1个或多个，而主关键字有（　　）。

A. 多个　　B. 0个

C. 1个　　D. 1个或多个

3. 关系数据库规范化是为了解决关系数据库中（　　）的问题而引入的。

A. 插入、删除和数据冗余　　B. 提高查询速度

C. 减少数据操作的复杂性　　D. 保证数据的安全性和完整性

4. 关系模式的任何属性（　　）。

A. 不可再分　　B. 可再分

C. 命名在该关系模式中可以不唯一　　D. 以上都不是

5. 关系模式和关系数据库模式之间的关系是（　　）。

A. 关系数据库模式是型，关系模式是它的值

B. 关系数据库模式是关系模式的集合

C. 关系模式是关系数据库模式的集合

D. 关系模式是型，关系数据库模式是它的值

二、简答题

1.简述关系模式和关系的区别与联系。

2.试论述数据库中候选键与主键的区别。

项目 3 数据库和表的管理

学习目标

◎知识目标

- 掌握创建和管理数据库的相关 SQL 语句。
- 了解 MySQL 中的数据类型。
- 了解数据完整性约束的功能和作用。
- 掌握创建和管理数据表的相关 SQL 语句。

◎能力目标

- 能够设计和创建符合业务需求的数据库表结构。
- 能够使用 SQL 语句进行数据的增删改查操作。
- 能够实现对数据进行完整性约束。

◎素质目标

- 具有系统思维和逻辑思维能力，通过设计数据库表来解决实际业务问题。
- 提升数据管理和数据安全意识，学习如何保护和维护系统中的数据。

项目简介

数据库和表的管理是建立和维护有效数据库系统的关键方面。数据库本身无法直接存储数据，存储数据是通过数据库中的表来实现的。在智慧校园（数据库）中，学生和教职员工需要提交个人信息以便于系统的正常运作。程序员设计对应的管理系统时，需要用户提交学号（或工号）、密码和电子邮件等信息，这个过程涉及数据表的设计。学生和教职员工可以注册并提交个人信息以创建记录。注册完成后，已注册用户可以随时修改其基本信息，例如联系方式或紧急联系人信息，这对应于表中记录的修改操作。管理员在智慧校园（数据库）中扮演重要角色，他们可以处理各种情况，包括删除非法注册的用户信息或者离校学生的信息。这种操作涉及对表中记录的删除，确保系统数据的安全和完整性。通过这些管理操作，智慧校园（数据库）能够有效地维护和管理学生和教职员工的信息，确保校园运作的顺利进行。本项目将围绕校园管理数据库和数据表的构建过程，展开阐述相关的知识点。

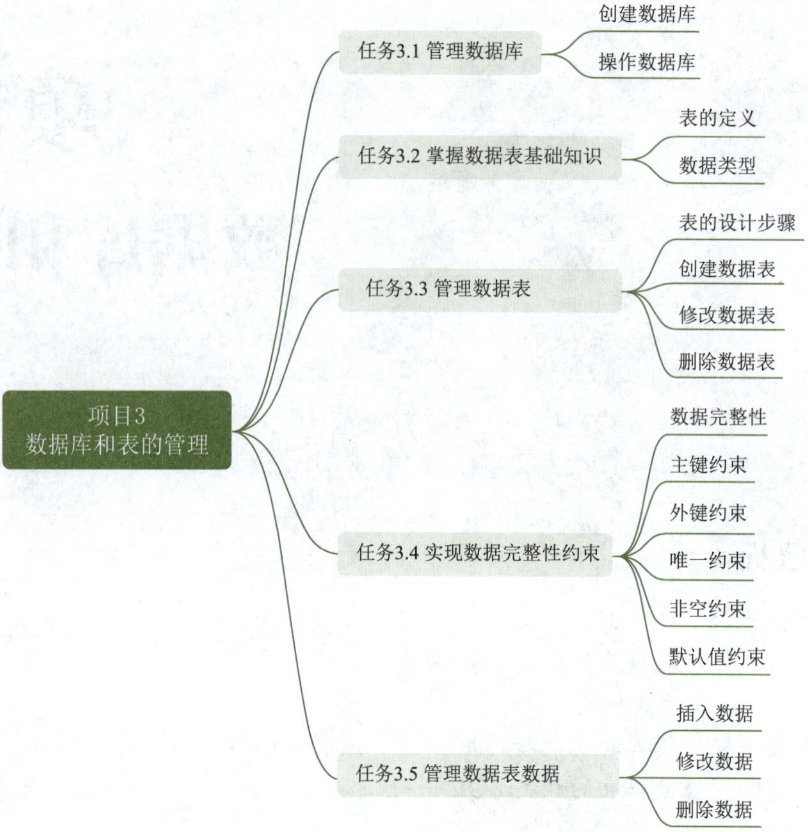

任务 3.1　管理数据库

数据库（database）是数据库管理系统的基础与核心，是存放数据库对象的容器，其本身可以看作电子化的文件柜。数据库能够有效地存储、检索、更新和管理数据。对象包括表、索引、存储过程、视图、类型等。

3.1.1　创建数据库

MySQL服务器中的数据库可以有多个，分别存储不同的数据。要想将数据存储到数据库中，首先需要创建数据库。在MySQL中创建数据库的语法形式如下：

```
CREATE DATABASE [IF NOT EXISTS] 数据库名;
```

参数说明：

①[IF NOT EXISTS]：可选项，可以防止创建数据库服务器中已经存在的新数据库的错误，即不能在MySQL服务器中创建具有相同名称的数据库，同样对于新创建的数据表也是如此，具体参见3.3.2。

②数据库名的命名规则：不能与其他数据库重名，且最好有一定的实际意义；名称可以由任意字母、阿拉伯数字、下画线和“$”组成，可以使用上述任意字符开头，但不能使用单独的数字开头，否则会造成与数值相混淆；名称最长可为64个字符；不能使用MySQL关键字作为数

据库名；默认情况下，Windows下对数据库名的大小写不敏感，而在Linux下对数据库名的大小写敏感。为了使数据库在不同平台间进行移植，建议采用小写的数据库名。

【例3.1】创建一个名为校园管理campus_management的数据库，如图3-1所示。

```
mysql> CREATE DATABASE IF NOT EXISTS campus_management;
Query OK, 1 row affected (0.01 sec)

mysql> CREATE DATABASE campus_management;
ERROR 1007 (HY000): Can't create database 'campus_manag
ement'; database exists
```

图 3-1　创建数据库

注意：

MySQL中如果两个数据库使用相同的名字，则会报错，提示“该数据库已经存在”。每一条SQL语句都以“;”作为结束标志。

3.1.2　操作数据库

1. 查看数据库

成功创建数据库后，可以使用SHOW命令查看MySQL服务器中的所有数据库信息。语法格式如下：

```
SHOW DATABASES;
```

【例3.2】使用SHOW命令查看MySQL服务器中的所有数据库，如图3-2所示。

```
mysql> SHOW DATABASES;
+--------------------+
| Database           |
+--------------------+
| campus_management  |
| information_schema |
| mysql              |
| performance_schema |
| sys                |
+--------------------+
5 rows in set (0.00 sec)
```

图 3-2　查看数据库

从结果图中可以看出，通过SHOW命令查看到现有MySQL服务器中的所有数据库。

2. 选择数据库

在成功创建数据库后，使用USE语句告诉MySQL接下来要选择哪个数据库进行操作。语法格式如下：

```
USE 数据库名;
```

【例3.3】选择名称为campus_management的数据库，设置其为当前默认数据库，如图3-3所示。

```
mysql> USE campus_management;
Database changed
mysql>
```

图 3-3　选择数据库

上述结果表示，当前正在操作的数据库是campus_management。

3. 修改数据库

数据库创建之后，可以使用ALTER DATABASE语句对数据库的参数进行修改。语法格式如下：

```
ALTER DATABASE 数据库名 CHARACTER SET 字符集 COLLATE 排序规则;
```

其中，“数据库名”是要修改的数据库名；“字符集”是修改后的数据库字符集名称，“排序规则”是修改后数据库的排序规则。

【例3.4】将数据库campus_management的字符集修改为utf8mb4，排序规则修改为utf8mb4_general_ci，如图3-4所示。

```
mysql> ALTER DATABASE campus_management CHARACTER SET utf8mb4
COLLATE utf8mb4_general_ci;
Query OK, 1 row affected (0.01 sec)
```

图 3-4 修改数据库

4. 删除数据库

删除数据库的操作可以使用DROP DATABASE语句。语法格式如下：

```
DROP DATABASE 数据库名;
```

注意：

一旦执行该操作，数据库的所有结构和数据都会被删除，请谨慎操作或者进行数据备份。

【例3.5】通过DROP DATABASE语句删除名称为campus_management的数据库，如图3-5所示。

```
mysql> DROP DATABASE campus_management;
Query OK, 0 rows affected (0.02 sec)
```

图 3-5 删除数据库

为了验证数据库是否删除成功，可以使用SHOW DATABASES语句查看当前MySQL数据库服务器上的所有数据库，如图3-6所示。

```
mysql> SHOW DATABASES;
+--------------------+
| Database           |
+--------------------+
| information_schema |
| mysql              |
| performance_schema |
| sys                |
+--------------------+
4 rows in set (0.00 sec)
```

图 3-6 查看当前服务器上的数据库

从上述结果图中可以发现，当前MySQL数据库服务器中已经不存在campus_management数据库，表明删除成功。

任务 3.2　掌握数据表基础知识

表（table）是数据库最重要的组成部分之一，每个数据库都是由若干个数据表组成的。也就是说，没有数据表，就无法在数据库中存储数据。所以，在创建完数据库之后，接下来就要在创建好的数据库中创建新的数据表。

3.2.1　表的定义

表是数据存储的最常见和最简单的形式，是构成关系型数据库的基本元素。表由行（row）和列（column）组成，是一个二维的网络结构，每一个列都是一个字段。一张学生信息表（见表3-1），每一行数据代表的是每一个特定学生的信息，而该表每一列数据代表学号、姓名和性别等详细信息，每一列都有一个列名。

表 3-1　学生信息表

学　号	姓　名	性　别	年　龄	班　级	邮　箱
20240401	张三	男	18	1	Zhangsan@163.com
20240402	李红	女	19	2	lihong@163.com
20240403	王五	男	18	1	Wangwu@163.com

列名的定义和命名规则非常重要，合理的命名规则可以提高数据库的可读性和维护性。列名的命名规则如下：

①列名应清晰描述其代表的数据。

②避免命名为与SQL关键字相同的名字，如select、in、desc等。

③它的组成包括字母、下画线、符号及数字，不允许使用其他特殊字符，但列名的第一个字符不能为数字。

例如，合法的列名包括name、age、class_id，而非法的列名包括1name、name@、user%id等。

3.2.2　数据类型

数据库中每个列都有相应的数据类型，数据类型主要根据数据值的内容、大小、精度来选择，为字段选择合适的数据类型对有效数据存储性能和应用程序支持都很重要，因此，在创建表时必须特别关注所用的数据类型。MySQL支持多种数据类型，主要分为3种：数值、日期与时间、字符串类型。

1. 数值类型

数值类型是用来存放数字类型的数据，包括整数、浮点数和定点数。在实际应用中，根据需求选择合适的数据类型，有利于节约存储空间且利于提高查询效率。例如，当要在数据库中存放年龄信息时，使用整数型；当存储身高、金钱等类似小数数据时，可以用浮点数或定点数。

（1）整数数据类型

整数数据类型包括tinyint、smallint、mediumint、int和 bigint，从标识符的含义可以看出，它们表示数的范围逐渐变大。整数数据类型见表3-2。

表3-2　整数数据类型

数据类型	字节数	取值范围	说明
tinyint	1	$-2^{7}\sim2^{7}-1$	非常小的整数
smallint	2	$-2^{15}\sim2^{15}-1$	小整数
mediumint	3	$-2^{23}\sim2^{23}-1$	中等大小的整数
int	4	$-2^{31}\sim2^{31}-1$	普通大小的整数
bigint	8	$-2^{63}\sim2^{63}-1$	非常大的整数

（2）浮点数据类型

浮点型也称近似类型，使用这种类型存储带有小数部分的数值，允许一定程度的近似计算，但可能会损失一些精度。浮点数据类型见表3-3。

表3-3　浮点数据类型

数据类型	字节数	说明
float	4	数据精确到7位小数位
double	8	数据精确到15位小数位

（3）定点数据类型

MySQL中的decimal类型是一种精确数值类型，尤其适合财务数据等需要严格精度控制的场景。定点数据类型需要指定精度（总位数）和小数位数，具体为decimal(M,D)，其中M称为精度，表示数据的总位数；D称为标度，表示数据的小数部分的位数。定点数据类型见表3-4。

表3-4　定点数据类型

数据类型	字节数
decimal(M,D)	M+2

注意：

①定点数据类型是以字符串存储的。

②当定点数据类型不指定M和D时，系统则默认为decimal(10,0)。

③若数据的精度超出了定点数据类型的精度范围，系统也会进行四舍五入操作，但会有警告。

例如，decimal(5,2) 能够存储具有5位数字和2位小数的任何值，存储范围为（-999.99，999.99），超出存储范围会报错。

在实际场景当中，针对MySQL中浮点数据类型和定点数据类型的场景选择如下：

①浮点数适用于需要处理广泛数值范围和较高精度要求的应用，如科学计算、工程计算、金融领域等。

②定点数适用于需要精确控制小数位数并且不希望出现舍入误差的应用场景。例如，财务应用中的货币金额存储、税率计算等。

2. 字符串类型

字符串类型也是数据表中数据存储的重要类型之一，主要用来存储字符串或文本信息。字符串类型没有像数字类型列那样的“取值范围”，但它们都有长度的概念。如果需要存储的字符串短于 256 个字符，就可以使用char、tinytext等；如果需要存储更长一点的字符串，可以选用text 或某种更长的 text类型；如果需要存储二进制数据，可以选择blob或更长的非二进制数据类型表示；如果某个字符串列用于表示某种固定集合的值，可以考虑使用数据类型 enum 或 set。

字符串类型见表3-5，其中括号中的 M 表示可以为其指定长度，表格中用 L表示存储需求，取决于列值的实际长度。

表3-5　字符串类型

数据类型	存储需求	说　明
char(M)	M字节，0≤M≤255，若M省略，默认长度为1	固定长度非二进制字符串
varchar(M)	L+1字节，在此，L≤M且1≤M≤255	可变长非二进制字符串
tinyblob	L+1字节，在此，$L<2^8$	不超过255个字符的二进制字符串
tinytext	L+1字节，在此，$L<2^8$	短文本的非二进制字符串
blob	L+2字节，在此，$L<2^{16}$	二进制形式的长文本数据
text	L+2字节，在此，$L<2^{16}$	变长非二进制字符串
mediumtext	L+3字节，在此，$L<2^{24}$	二进制形式的中等长度文本数据
mediumtext	L+3字节，在此，$L<2^{24}$	中等长度的非二进制字符串
longblob	L+4字节，在此，$L<2^{32}$	二进制形式的极大文本数据
longtext	L+4字节，在此，$L<2^{32}$	极大的文本数据
enum	1或2字节，取决于枚举值的数目（最大值为65535）	枚举类型，只能有一个枚举字符串值
set	1、2、3、4或8个字节，取决于集合成员的数量（最多64个成员）	一个设置，字符串对象可以有零个或多个SET成员

对于可变类型，其存储需求取决于列值的实际长度（L），而不是取决于类型的最大可能尺寸。例如，一个varchar(20)列能保存一个最大长度为20个字符的字符串，实际的存储需要字符串的长度L加上一个字节以记录字符串的长度。对于字符"ccd"，L是3，而存储要求4字节。

3. 日期时间类型

在数据库中，日期时间类型扮演着记录和管理时间信息的重要角色，如在数据表中记录添加数据的时间等。日期时间类型的正确使用能够确保数据的准确性，并对时间数据的管理带来了一定的便利。在MySQL中，日期时间类型包括year、datetime、timestamp等。日期时间类型的取值范围及说明见表3-6。

表3-6　日期时间类型

数据类型	字节数	取值范围	说　明
year	1	1901~2155	格式为：YYYY
time	3	-838:59:59~838:59:59	格式为：HH:MM:SS
date	3	1000-01-01~9999-12-03	格式为：YYYY-MM-DD
datetime	8	1000-01-01 00:00:00~ 9999-12-31 23:59:59	格式为：YYYY-MM-DDHH:MM:SS
timestamp	4	显示的固定宽度是19个字符	主要用来记录update或insert操作时的时间

任务 3.3　管理数据表

数据库中包含了各个方面的数据，如在智慧校园（数据库）中，包含学生信息表、教师信息表和院系信息表等。数据表管理不仅影响数据库的日常操作和性能，还涉及数据的安全性、可靠性和扩展性。

3.3.1　表的设计步骤

表的设计步骤如下：

①需求分析：确定需要存储的信息类型和数据结构。

②定义表结构：决定表的字段及其数据类型，设计主键和外键。

③设计规范：确保表设计遵循规范化理论，避免数据冗余。

④编写语句：使用SQL语句定义表的结构和约束条件。

3.3.2　创建数据表

数据表是数据库的基本组成单元，用于存储和组织数据。创建数据表可使用create table语句完成，语法格式如下：

```
CREATE TABLE [IF NOT EXISTS] 表名
(
    字段名1 数据类型 [约束条件],
    字段名2 数据类型 [约束条件],...
);
```

其中，约束条件包括是否允许空值、默认值、自增属性、主键、唯一约束等。具体参数为：

```
[NULL|NOT NULL]、[DEFAULT]、[AUTO_INCREMENT]、[PRIMARY KEY]、[UNIQUE]。
```

①NULL | NOT NULL：指定该字段是否允许空值。如果不指定，默认允许空值。

②DEFAULT：指定该字段的默认值。如果不指定，默认值为 null。

③AUTO_INCREMENT：设置整数类型的自增属性。每插入一条记录，该字段的值自动增加1。

④PRIMARY KEY：设置该字段为主键。主键既不允许空值，也不允许重复。

⑤UNIQUE：设置该字段为唯一约束。唯一约束允许空值，但不允许重复。

【例3.6】在已经创建的campus_management数据库中创建班级信息（class）表，具体结构见表3-7。

表 3-7　class表结构

字段名称	数据类型	备　注
id	int(0)	班级号
name	varchar(40)	班级名称
create_time	varchar(10)	创建时间（年份）
teacher_id	int(0)	负责老师的教职工号

执行语句如下：

```
USE campus_management;
CREATE TABLE `class`(
    `id` int(0) not null auto_increment comment '班级号',
    `name` varchar(40) comment '班级名称',
    `create_time` varchar(10) not null comment '创建时间(年份)',
    `teacher_id` int(0) comment '负责老师的教职工号',
    primary key (`id`) using btree
) engine=InnoDB auto_increment=4 character set=utf8 collate=utf8_general_
ci row_format=compact;
```

通过执行上面的语句，即可在数据库中创建一个名为class的数据表，engine= InnoDB表示采用的存储引擎是InnoDB。使用“DESC表名”或者“SHOW CREATE TABLE表名”就可以在MySQL数据库中查看到表的结构，如图3-7所示。

```
mysql> DESC class;
+-------------+-------------+------+-----+---------+----------------+
| Field       | Type        | Null | Key | Default | Extra          |
+-------------+-------------+------+-----+---------+----------------+
| id          | int         | NO   | PRI | NULL    | auto_increment |
| name        | varchar(40) | YES  |     | NULL    |                |
| create_time | varchar(10) | YES  |     | NULL    |                |
| teacher_id  | int         | YES  |     | NULL    |                |
+-------------+-------------+------+-----+---------+----------------+
4 rows in set (0.00 sec)
```

图 3-7　查看数据表结构

3.3.3　修改数据表

在实际开发中，还需要根据实际情况对数据表进行修改，当需要修改数据表的名称时，可以执行ALTER TABLE语句实现。例如，可以修改表名、修改字段的数据类型、修改字段名、增加或删减字段等操作。

1. 修改数据表的名称

```
ALTER TABLE 原表名 RENAME [TO] 新表名;
```

【例3.7】将班级信息表class的名称修改为 class_table，如图3-8所示。

```
mysql> ALTER TABLE class RENAME TO class_table;
Query OK, 0 rows affected (0.04 sec)

mysql> SHOW TABLES;
+------------------+
| Tables_in_campus |
+------------------+
| class_table      |
+------------------+
1 row in set (0.00 sec)
```

图 3-8　修改数据表名称

通过SHOW TABLES可以看到数据表的名称已经修改成功。

2. 修改字段的数据类型

```
ALTER TABLE 表名 MODIFY [COLUMN] 字段名 新的数据类型;
```

【例3.8】将班级信息表class_table中的班级名称name字段的数据类型由 char(40)修改为varchar(50)，如图3-9所示。

```
mysql> ALTER TABLE class_table MODIFY name VARCHAR(50);
Query OK, 0 rows affected (0.02 sec)
Records: 0  Duplicates: 0  Warnings: 0

mysql> DESC class_table;
+-------------+-------------+------+-----+---------+----------------+
| Field       | Type        | Null | Key | Default | Extra          |
+-------------+-------------+------+-----+---------+----------------+
| id          | int         | NO   | PRI | NULL    | auto_increment |
| name        | varchar(50) | YES  |     | NULL    |                |
| create_time | varchar(10) | YES  |     | NULL    |                |
| teacher_id  | int         | YES  |     | NULL    |                |
+-------------+-------------+------+-----+---------+----------------+
4 rows in set (0.01 sec)
```

图 3-9　修改字段的数据类型

通过“DESC表名”可以看到name字段的数据类型已经修改成功。

3. 修改字段的名称和数据类型

```
ALTER TABLE 表名 CHANGE [COLUMN] 原字段名 新字段名 新数据类型;
```

【例3.9】将班级信息表class_table中的“负责老师的教职工号”字段的名称由teacher_id 修改为teacherID，数据类型修改为 varchar(20)，如图3-10所示。

视 频

例3.9

```
mysql> ALTER TABLE class_table CHANGE `teacher_id` `teacherID` VARCHAR(20);
Query OK, 0 rows affected (0.09 sec)
Records: 0  Duplicates: 0  Warnings: 0

mysql> DESC class_table;
+-------------+-------------+------+-----+---------+----------------+
| Field       | Type        | Null | Key | Default | Extra          |
+-------------+-------------+------+-----+---------+----------------+
| id          | int         | NO   | PRI | NULL    | auto_increment |
| name        | varchar(50) | YES  |     | NULL    |                |
| create_time | varchar(10) | YES  |     | NULL    |                |
| teacherID   | varchar(20) | YES  |     | NULL    |                |
+-------------+-------------+------+-----+---------+----------------+
4 rows in set (0.01 sec)
```

图 3-10　修改字段名称和数据类型

通过“DESC 表名”可以看到“负责老师的教职工号”的字段名和数据类型已经修改成功。

4. 添加字段

```
ALTER TABLE 表名 ADD [COLUMN] 新字段名 数据类型 [约束条件]  [FIRST | AFTER 已存在的字段名];
```

默认在最后面添加，FIRST指定为第一个字段，AFTER指定在某个字段之后添加。

【例3.10】在班级信息表 class_table中添加字段department（作为第一个字段），数据类型为varchar，不允许为空值，取值唯一，如图3-11所示。

```
mysql> ALTER TABLE class_table ADD `department` VARCHAR(40) NOT NULL UNIQUE FIR
ST;
Query OK, 0 rows affected (0.08 sec)
Records: 0  Duplicates: 0  Warnings: 0

mysql> DESC class_table;
+-------------+-------------+------+-----+---------+----------------+
| Field       | Type        | Null | Key | Default | Extra          |
+-------------+-------------+------+-----+---------+----------------+
| department  | varchar(40) | NO   | UNI | NULL    |                |
| id          | int         | NO   | PRI | NULL    | auto_increment |
| name        | varchar(50) | YES  |     | NULL    |                |
| create_time | varchar(10) | YES  |     | NULL    |                |
| teacherID   | varchar(20) | YES  |     | NULL    |                |
+-------------+-------------+------+-----+---------+----------------+
5 rows in set (0.01 sec)
```

图 3-11　添加字段

5. 删除字段

```
ALTER TABLE 表名 DROP 字段名;
```

【例3.11】将班级信息表class_table中的department字段删除，如图3-12所示。

```
mysql> ALTER TABLE class_table DROP `department`;
Query OK, 0 rows affected (0.07 sec)
Records: 0  Duplicates: 0  Warnings: 0

mysql> DESC class_table;
+-------------+-------------+------+-----+---------+----------------+
| Field       | Type        | Null | Key | Default | Extra          |
+-------------+-------------+------+-----+---------+----------------+
| id          | int         | NO   | PRI | NULL    | auto_increment |
| name        | varchar(50) | YES  |     | NULL    |                |
| create_time | varchar(10) | YES  |     | NULL    |                |
| teacherID   | varchar(20) | YES  |     | NULL    |                |
+-------------+-------------+------+-----+---------+----------------+
4 rows in set (0.01 sec)
```

图 3-12　删除字段

从上述结果图中可以看到，该字段department已成功删除。

3.3.4　删除数据表

当一个数据表不再被需要时，可以将其删除。但是，在删除表的同时，数据表的结构和表中的所有数据都会被删除，所以在删除数据表前最好先做好备份，以免造成无法弥补的损失。在MySQL中通过DROP TABLE语句来删除数据表。语法格式如下：

```
DROP TABLE [IF EXISTS] 表名;
```

【例3.12】将班级信息表class_table删除，如图3-13所示。

```
mysql> DROP TABLE IF EXISTS class_table;
Query OK, 0 rows affected (0.02 sec)
```

图 3-13　删除数据表

说明：

①可以同时删除多个数据表，相互之间用逗号隔开即可。

②因为不同的数据库中可以有相同的表名存在，所以在删除之前，要先选择数据库。

任务 3.4　实现数据完整性约束

数据库中的数据是从外界输入的，在向数据库中添加、修改和删除数据时，难免会因手工输入而产生各种错误。如何保证和维护数据的正确性、一致性和可靠性，成为数据库系统关注的问题。利用约束、默认和规则来维护数据的完整性，可以避免大部分无效数据的产生。

约束是自动保持数据库完整性的一种方法。约束就是限制，定义约束就是定义可输入表或表的单个列中的数据的限制条件。在MySQL中可以通过主键（primary key）约束、外键（foreign key）约束、唯一（unique）约束、非空（not null）约束和默认值（default）约束等来实施数据完整性。

3.4.1　数据完整性

数据完整性是数据的准确性和可靠性，主要用于保证数据库中数据的质量。它是防止数据库中存在不符合语义规定的数据和防止因错误信息的输入/输出造成无效操作而提出的。数据完整性主要分为4类：实体完整性、域完整性、参照完整性和用户定义的完整性。

1. 实体完整性

实体完整性保证数据表中的每一条记录都必须是唯一的，即数据表的主键既不能重复也不能取空值，因此组成主键的每一个字段都不允许为空值。例如，学生信息表中“学号”的取值必须唯一，它唯一标识了相应记录所代表的学生。学生的“姓名”不能作为主键，因为可能存在同名同姓的学生。

2. 域完整性

域完整性通过一系列的约束条件来确保数据的正确性。这些约束条件可以包括限制数据类型、检查约束、规则、默认值和非空属性的定义等。通过实施这些约束，可以确保输入到数据库表中的数据满足预设的要求，从而防止无效或错误的数据被插入到表中。例如，限制某列的数据类型为整型，那么输入的数据必须是整数类型。

3. 参照完整性

参照完整性是指两张相关联的数据表的主键和外键字段的数据必须一致。它保证了表之间的数据的一致性，防止数据丢失或无意义的数据在数据库中扩散。例如，学生学习课程的课程号必须是有效的课程号，成绩表的外键“课程号”将参考课程表中主键“课程号”以实现数据完整性。

4. 用户定义的完整性

用户定义的完整性是指不同的关系数据库系统根据应用环境的要求和实际需要，对某一具体应用涉及的数据提出的约束条件。例如，学生信息表中“性别”字段的值只能是“男”或“女”。

3.4.2 主键约束

主键（primary key）约束是使用最为频繁的约束，既不能重复，也不能为空。主键能够唯一地标识数据表中的一条记录，可以结合外键定义不同数据表之间的关系，并且加快数据库的检索和排序，提高数据库的性能。

1. 单字段主键

单字段主键只包含数据表中的一个字段。MySQL中的单字段主键不仅可以在定义字段时同时指定，也可以在定义完所有字段之后指定。单字段主键的语法格式如下：

```
#在定义字段的同时指定主键
字段名 数据类型 PRIMARY KEY
#在定义完所有字段之后指定主键
PRIMARY KEY 字段名
```

【例3.13】班级信息表class中需要以“班级号”作为班级的唯一表示，在创建class数据表时，为id列设置PRIMARY KEY约束。具体语句如下：

```
CREATE TABLE `class`(
    `id` int(0) not null primary key auto_increment comment '班级号',
    `name` varchar(40) comment '班级名称',
    `create_time` varchar(10) not null comment '创建时间(年份)',
```

```
    `teacher_id` int(0) comment '负责老师的教职工号',
    key `id` using btree(`id`)
) engine=InnoDB auto_increment=4 character set=utf8 collate=utf8_general_
ci row_format=compact;
```

上面这段是在定义字段的同时指定主键，或者也可按下面这种在定义完所有的字段之后再指定主键。

```
CREATE TABLE `class`(
    `id` int(0) not null auto_increment comment '班级号',
    `name` varchar(40) comment '班级名称',
    `create_time` varchar(10) not null comment '创建时间(年份)',
    `teacher_id` int(0) comment '负责老师的教职工号',
    primary key (`id`) using btree
) engine=InnoDB auto_increment=4 character set=utf8 collate=utf8_general_
ci row_format=compact;
```

2. 复合主键

因为并不是所有表能够有且仅有一个字段来实现唯一标识，通过联合表中的多个字段来共同保证唯一索引，复合主键只能在定义完所有字段之后指定。多字段主键的语法格式如下：

```
primary key [字段1, 字段2, 字段3,…, 字段n ]
```

【例3.14】若在班级信息表class中需要以“课程号”和“创建时间（年份）”联合作为班级信息的唯一标识，则在创建class班级信息表时，为id和create_time的组合设置primary key约束。具体语句如下：

```
CREATE TABLE `class`(
    `id` int(0) not null auto_increment comment '班级号',
    `name` varchar(40) comment '班级名称',
    `create_time` varchar(10) not null comment '创建时间(年份)',
    `teacher_id` int(0) comment '负责老师的教职工号',
    primary key (`id`,`create_time`) using btree
) engine=InnoDB auto_increment=4 character set=utf8 collate=utf8_general_
ci row_format=compact;
```

可以使用“DESC表名”查看表结构，如图3-14所示。

```
mysql> DESC class;
+-------------+-------------+------+-----+---------+----------------+
| Field       | Type        | Null | Key | Default | Extra          |
+-------------+-------------+------+-----+---------+----------------+
| id          | int         | NO   | PRI | NULL    | auto_increment |
| name        | varchar(40) | YES  |     | NULL    |                |
| create_time | varchar(10) | NO   | PRI | NULL    |                |
| teacher_id  | int         | YES  |     | NULL    |                |
+-------------+-------------+------+-----+---------+----------------+
4 rows in set (0.01 sec)
```

图 3-14　查看数据表结构

3.4.3　外键约束

外键（foreign key）约束用来在两张表数据之间建立连接，其中一张表的一个字段被另一张表中对应的字段约束。也就是说，设置外键约束至少要有两张表，被约束的表叫作从表（子表），另一张叫作主表（父表），属于主从关系。其中，主表中的关联字段叫作主键，外表中的关联字段叫作外键。外键约束的主要作用是能够让表与表之间的数据建立关联，使数据更加完整，关联性更强。

外键约束的语法格式如下：

```
[CONSTRAINT外键名] FOREIGN KEY字段1[, 字段2, 字段3,…]
REFERENCES 主表名 主键列1[, 主键2, 主键3, …]
```

参数说明：[CONSTRAINT外键名]用于设置外键约束名称，可以省略；FOREIGN KEY用于设置外键，指定外键字段；REFERENCES用于设置主表及主键，指定主表和主键。

外键创建规则：

①必须有主表才可以设置从表，且主表必须实际存在。

②必须为主表定义主键。

③外键列的数量、数据类型必须和主键列的数量、数据类型相同。

④外键可以不是外表中的主键，但必须和主表关联字段相对应。

⑤主从表创建时，存储引擎必须是InnoDB。

【例3.15】创建学生表student，在定义完所有字段后指定主键约束和外键约束。

```
DROP TABLE IF exists `student`;
CREATE TABLE `student`(
    `id` bigint not null auto_increment comment '学号',
      `name` varchar(20) character set utf8 collate utf8_general_ci null
default null comment '姓名',
      `sex` varchar(5) character set utf8 collate utf8_general_ci null
default null comment '性别',
    `age` int null default null comment '年龄',
    `year` int null default null comment '入学年份',
    `Ssystem` int null default null comment '学制',
    `class_id` int null default null comment '班级编号',
    `major_id` int null default null comment '专业编号',
    primary key (`id`) using btree,
foreign key(class_id) references class(id)
) engine=InnoDB auto_increment=4 character set=utf8 collate=utf8_general_
ci row_format=compact;
```

在创建学生信息（student）表时，表中的class_id（班级编号）引用了班级信息表（class）中的id（班级号），需要建立student表和class表之间的关系。其中，class表为主键表，student表为外键表。

3.4.4 唯一约束

唯一（unique）约束是SQL完整性约束类型中，除主键约束外的另一种可以定义唯一约束的类型，所以当需要限定某个表字段的取值都唯一、没有重复值时使用 unique 约束。例如，注册邮箱时的邮箱名、手机号等信息。

唯一约束允许为空值，但只能出现一个空值。主键也强制执行唯一性，但主键不允许为空值，故主键约束强度大于唯一约束。因此，主键列不能再设置唯一性约束。

设置唯一性约束的基本语法如下：

```
字段名 数据类型 UNIQUE
```

【例3.16】创建学生信息表student时，在定义字段的同时指定学生“学号”id为主键约束，“姓名”name 为唯一约束。

```
DROP TABLE IF EXISTS `student`;
CREATE TABLE `student`(
    `id` bigint not null auto_increment comment '学号',
     `name` varchar(20) character set utf8 collate utf8_general_ci null
default null unique comment '姓名',
     `sex` varchar(5) character set utf8 collate utf8_general_ci null
default null comment '性别',
    `age` int null default null comment '年龄',
    `year` int null default null comment '入学年份',
    `Ssystem` int null default null comment '学制',
    `class_id` int null default null comment '班级编号',
    `major_id` int null default null comment '专业编号',
    primary key (`id`) using btree
) engine=InnoDB auto_increment=4 character set=utf8 collate=utf8_general_
ci row_format=compact;
```

3.4.5　非空约束

非空（not null）约束的主要目的是确保数据库表中的特定列不会包含空值，从而提高数据的完整性和准确性。例如，在学生信息表中，如果“姓名”字段被设置为非空约束，那么每条学生记录都必须包含一个有效的“姓名”，避免了空白学生姓名的出现，从而保证了数据的完整性和准确性。

非空约束的基本语法如下：

```
字段名 数据类型 NOT NULL
```

在前面创建数据表的语句中，已经多次使用了非空约束，可以参考练习。

3.4.6　默认值约束

默认值（default）约束允许为表中的列定义默认值，确保数据的完整性和一致性。使用默认值约束可以简化数据插入和更新操作，避免遗漏或忘记为特定列提供值的错误，从而提高数据库的效率和可靠性。默认值是通过DEFAULT关键字来设置的。

设置默认值约束的基本语法如下：

```
字段名 数据类型 DEFAULT 默认值
```

【例3.17】创建学生信息表student时，在定义字段的同时指定“性别”sex的默认值约束为“男”。

```
DROP TABLE IF EXISTS  `student`;
CREATE TABLE `student`(
    `id` bigint not null auto_increment comment '学号',
     `name` varchar(20) character set utf8 collate utf8_general_ci null default null comment '姓名',
     `sex` varchar(5) character set utf8 collate utf8_general_ci null default null default '男' comment '性别',
    `age` int null default null comment '年龄',
    `year` int null default null comment '入学年份',
    `Ssystem` int null default null comment '学制',
    `class_id` int null default null comment '班级编号',
    `major_id` int null default null comment '专业编号',
    primary key (`id`) using btree
) engine=InnoDB auto_increment=4 character set=utf8 collate=utf8_general_ci row_format=compact;
```

执行结果如图3-15所示，可以发现字段“性别”的默认值为“男”。

```
mysql> desc student;
+----------+-------------+------+-----+---------+----------------+
| Field    | Type        | Null | Key | Default | Extra          |
+----------+-------------+------+-----+---------+----------------+
| id       | bigint      | NO   | PRI | NULL    | auto_increment |
| name     | varchar(20) | YES  |     | NULL    |                |
| sex      | varchar(5)  | YES  |     | 男      |                |
| age      | int         | YES  |     | NULL    |                |
| year     | int         | YES  |     | NULL    |                |
| Ssystem  | int         | YES  |     | NULL    |                |
| class_id | int         | YES  |     | NULL    |                |
| major_id | int         | YES  |     | NULL    |                |
+----------+-------------+------+-----+---------+----------------+
8 rows in set (0.01 sec)
```

图 3-15　查看修改后表结构

任务 3.5　管理数据表数据

对数据表操作主要包括插入数据、修改数据和删除数据。可以使用INSERT语句向表中添加新的记录，使用UPDATE语句可以对表中已经存在的数据进行相应的修改，使用DELETE语句可以删除表中不需要的数据。

3.5.1　插入数据

使用基本的INSERT语句可以向表中添加一行或多行数据。基本语法格式如下：

```
INSERT INTO表名[(字段列表)] VALUES (值列表1)[(值列表2),…, (值列表n)];
```

参数说明：

①表名：指定插入新数据的表的名称。

②字段列表：指定数据表的列名，必须用圆括号将字段列表括起来，当指定多个列时，各列之间用逗号隔开；当向表中的所有字段插入数据时，字段列表可以省略。

③值列表：指定插入的新数据值。[(值列表2),…(值列表*n*)]为可选项，表示多条记录对应的数据。每个值列表都必须用圆括号括起来，列表间用逗号分隔。

在插入数据时要保证数据值的数量和顺序必须与字段名列表中的数量和顺序一样；数据值

的数据类型必须与表的列中的数据类型匹配，否则插入失败；数据值如果采用默认值则写default，如果是空值则写null；插入数据类型如果是字符型、日期型，则必须用单引号。

视 频

例3.18

【例3.18】向学生信息student表中插入一条新数据，其中“学号”id为1712402404001，“姓名”name为“昌怜雪”，“性别”sex为“女”。

执行语句及结果如图3-16所示。

```
mysql> INSERT INTO student(id,name,sex) VALUES ('1712402404001'
,'昌怜雪','女');
Query OK, 1 row affected (0.01 sec)
```

图 3-16　插入部分字段数据

【例3.19】向学生信息student表中插入一条新数据，其中“学号”id为1712402404002，“姓名”name为“范美倩”，“性别”sex为“女”，“年龄”age为16，“入学年份”year为2024，“学制”Ssystem为4，“班级编号”class_id为1，“专业编号”major_id为24。

执行语句及结果如图3-17所示。

```
mysql> INSERT INTO student VALUES ('1712402404002','范美倩','女',
'16','2024','4','1','24');
Query OK, 1 row affected (0.01 sec)
```

图 3-17　插入全部字段数据

可以看到该条数据已经成功插入数据表中，同样从Navicat图形化管理工具中也可以看到，如图3-18所示。

开始事务　文本 · 筛选　排序　导入　导出

id	name	sex	age	year	Ssystem	class_id	major_id
1712402404001	昌怜雪	女	(Null)	(Null)		(Null)	(Null)
1712402404002	范美倩	女	16	2024	4	1	24

图 3-18　成功插入一条数据

INSERT语句可以同时向数据表中插入多条记录，插入时指定多个值列表，每个值列表之间用逗号分隔开。

【例3.20】向学生信息student表的部分列插入三条新数据。

执行语句如图3-19所示。

```
mysql> INSERT INTO student(id,name,sex) VALUES ('1712402404003'
,'方惜玉','男'),('1712402404004','葛碧春','女'),('1712402404005
','花白亦','女');
Query OK, 3 rows affected (0.01 sec)
Records: 3  Duplicates: 0  Warnings: 0
```

图 3-19　插入多条数据

从Navicat中可以查看到以下结果，如图3-20所示。

开始事务　文本 · 筛选　排序　导入　导出

id	name	sex	age	year	Ssystem	class_id	major_id
1712402404001	昌怜雪	女	(Null)	(Null)		(Null)	(Null)
1712402404002	范美倩	女	16	2024	4	1	24
1712402404003	方惜玉	男	(Null)	(Null)	(Null)	(Null)	(Null)
1712402404004	葛碧春	女	(Null)	(Null)	(Null)	(Null)	(Null)
1712402404005	花白亦	女	(Null)	(Null)	(Null)	(Null)	(Null)

图 3-20　成功插入多条数据

3.5.2 修改数据

修改数据是对表中已经存在的记录进行修改。例如，学生需要修改自己的手机号码或电子邮箱，这就需要对数据表中的数据进行修改。在MySQL中，可以使用UPDATE语句修改数据，基本语法格式如下：

```
UPDATE 表名
SET 字段名1=值1, 字段名2=值2,…, 字段名n=值n
[WHERE 条件表达式];
```

其中，SET是对指定的字段进行修改。WHERE条件语句是可选的，代表数据表只修改符合特定条件的记录。如果省略WHERE语句，表中的所有记录都会被修改。

【例3.21】将学生信息student表中所有学生的“入学年份”year更新为“2023”。

执行语句如图3-21所示。

```
mysql> UPDATE student
    -> SET year='2023';
Query OK, 5 rows affected (0.01 sec)
Rows matched: 5  Changed: 5  Warnings: 0
```

图 3-21 更新数据

从Navicat中可以查看到以下结果，如图3-22所示。

开始事务 文本 · 筛选 排序 导入 导出

id	name	sex	age	year	Ssystem	class_id	major_id
1712402404001	昌怜雪	女	(Null)	2023	(Null)	(Null)	(Null)
1712402404002	范美倩	女	16	2023	4	1	24
1712402404003	方惜玉	男	(Null)	2023	(Null)	(Null)	(Null)
1712402404004	葛碧春	女	(Null)	2023	(Null)	(Null)	(Null)
1712402404005	花白亦	女	(Null)	2023	(Null)	(Null)	(Null)

图 3-22 成功更新“入学年份”

视频

例3.22

【例3.22】将学生信息student表中学号为1712402404005的age修改为18。

执行语句如图3-23所示。

```
mysql> UPDATE student
    -> SET age=18
    -> WHERE id='1712402404005';
Query OK, 1 row affected (0.01 sec)
Rows matched: 1  Changed: 1  Warnings: 0
```

图 3-23 修改数据

从Navicat中可以查看到以下结果，如图3-24所示。

开始事务 文本 · 筛选 排序 导入 导出

id	name	sex	age	year	Ssystem	class_id	major_id
1712402404001	昌怜雪	女	(Null)	2023	(Null)	(Null)	(Null)
1712402404002	范美倩	女	16	2023	4	1	24
1712402404003	方惜玉	男	(Null)	2023	(Null)	(Null)	(Null)
1712402404004	葛碧春	女	(Null)	2023	(Null)	(Null)	(Null)
1712402404005	花白亦	女	18	2023	(Null)	(Null)	(Null)

图 3-24 成功修改“年龄”

3.5.3 删除数据

删除不需要的数据也是数据表的操作之一。例如，学生表中某个学生退学就是对数据表中的数据进行删除操作。在MySQL 中，通过DELETE语句可以删除表中的一行或多行数据，或者使用TRUNCATE语句删除表中的所有数据。

1. 使用 DELETE 语句进行删除

语法格式如下：

```
DELETE FROM 表名 [WHERE 条件表达式];
```

其中，[WHERE 条件表达式]为可选参数，指定删除条件。如果没有WHERE子句，DELETE语句将删除表中的所有数据。

【例3.23】将学生信息student表中数据全部删除。

执行语句如图3-25所示。

```
mysql> DELETE FROM student;
Query OK, 5 rows affected (0.01 sec)
```

图 3-25　删除数据

从Navicat中可以查看到以下结果，如图3-26所示。

开始事务　文本 · 筛选　排序　导入　导出

id	name	sex	age	year	class_id	major_id
(N/A)	(N/A)	(N/A)	(N/A)	(N/A)	(N/A)	(N/A)

图 3-26　成功删除数据

2. 使用 TRUNCATE 语句进行删除

语法格式如下：

```
TRUNCATE TABLE 表名;
```

DELETE FROM和TRUNCATE TABLE在删除数据时有各自的应用场景和不同，如何选择取决于具体的场景和需求。如果只是需要删除数据，且对性能要求较高，可以考虑使用TRUNCATE TABLE操作。如果需要逐行删除数据或者删除后需要撤销，可以使用 DELETE FROM操作。

但在删除表前，最好对表中的数据进行备份，这样当操作失误时可以对数据进行恢复，以免造成无法挽回的后果。

项目 3 实训：管理数据库和数据表

1. 实训目的

①理解数据库和表的基本概念。

②掌握创建、修改和删除数据表的方法。

③掌握增加、修改和删除数据的方法。

④实施数据库设计和规范化。

2. 实训内容

①创建数据库campus_management，用于存储校园相关信息。

②设计表结构。在campus_management数据库中分别使用SQL语句创建班级信息（class）表、学生信息（student）表、课程信息（course）表、院系信息（department）表、专业信息（major）表、教职工信息（teacher）表，具体表结构见表3-8～表3-13。

表3-8　班级信息（class）表结构

字段名	数据类型	长度	为空性	约束	注释
id	int	0	not null	主键	班级号
name	varchar	40	not null		班级名称
create_time	varchar	10	not null		创建时间（年份）
teacher_id	int	0	not null		负责老师的教职工号

表3-9　学生信息（student）表结构

字段名	数据类型	长度	为空性	约束	注释
id	bigint	0	not null	主键	学号
name	varchar	20	null		姓名
sex	varchar	5	null		性别
age	int	0	null		年龄
year	int	0	null		入学年份
Ssystem	int	0	null		学制
class_id	int	0	null		班级编号
major_id	int	0	null		专业编号

表3-10　课程信息（course）表结构

字段名	数据类型	长度	为空性	约束	注释
id	varchar	10	not null	主键	课程编号
course_name	varchar	20	null		课程名称
course_nature	varchar	20	null		课程性质

表3-11　院系信息（department）表结构

字段名	数据类型	长度	为空性	约束	注释
id	int	0	not null	主键	院系编号
department_name	varchar	20	null		院系名称

表3-12　专业信息（major）表结构

字段名	数据类型	长度	为空性	约束	注释
id	int	0	not null	主键	专业编号
major_name	varchar	20	null		专业名称
education	varchar	20	null		学历
department_id	int	0	null		院系编号

表3-13　教职工信息（teacher）表结构

字段名	数据类型	长度	为空性	约束	注释
id	int	0	not null	主键	教职工编号
name	varchar	20	null		姓名
sex	varchar	5	null		性别
age	int	0	null		年龄
post_id	int	0	null		职务id
professional_title_id	int	0	null		职称id
department_id	int	0	null		院系id
evaluation	int	0	null		评教分数

③分别使用SQL语句修改表结构。

• 将学生信息（student）表中姓名name的默认值改为非空（not null）。

• 将课程信息（course）表中的课程性质course_nature的列长度改为50个字符。

• 使用外键约束建立院系信息（department）表和专业信息（major）表之间的联系，其中专业信息（major）表中的department_id（院系编号）引用了院系信息（department）表中的院系编号（id），即department表为主键表，major表为外键表。

④分别向上述表中插入数据，具体内容见表3-14～表3-19。

表3-14　班级信息（class）表

班级号	班级名称	创建时间（年份）	负责老师的教职工号
1	数据库原理-18级软工3、4班	2019	124001
2	软件测试技术-17级软工1、2班	2019	124001
3	JavaWeb程序设计-17级软工3、4班	2019	124001

表3-15　学生信息（student）表

学号	姓名	性别	年龄	入学年份	学制	班级编号	专业编号
1712402404001	昌怜雪	女	18	2024	4	1	24
1712402404002	范一倩	女	16	2024	4	1	24
1712402404003	方惜玉	男	17	2024	4	1	24
1712402404004	葛碧春	女	18	2024	4	1	24
1712402404005	花白亦	女	18	2024	4	1	24
1712402404006	林依波	男	19	2024	4	1	24
1712402404007	马听南	男	18	2024	4	1	27

表3-16　课程信息（course）表

课程编号	课程名称	课程性质
121227	Java程序设计	必修课
121939	大学英语（一）	必修课
121941	高等数学（一）	必修课

表 3-17　院系信息（department）表

院系编号	院系名称
123	外国语学院
124	信息技术学院
125	建设学院

表 3-18　专业信息（major）表

专业编号	专业名称	学　历	院系编号
8	风景园林	本科	125
12	商务英语	本科	123
24	计算机科学与技术	本科	124
27	软件工程	本科	124

表 3-19　教职工信息（teacher）表

教职工编号	姓　名	性　别	年　龄	职务 id	职称 id	院系 id	评教分数
124001	冯著	男	38	5	2	124	88
124002	苏玉书	男	35	2	2	124	97

⑤修改/删除数据：

• 将班级信息（class）表中的创建时间（年份）全部修改为2017。

• 将学生信息（student）表中姓名为“林依波”和“花白亦”的班级编号修改为2。

• 将学生信息（student）表中班级编号为1的学生信息删除。

3. 实训小结

这是一次结合理论与实践的训练，通过自主设计数据库结构，可深入理解数据库和数据表的概念，实施表的创建和管理，以及数据操作的实践，能够应用所学知识解决实际问题，提高了数据库设计和管理的能力。

项目小结

本项目系统讲解了数据库的基本操作，包括表的创建、修改和删除。通过 SQL 语句能够定义表结构，指定字段类型和约束条件，如主键、外键、唯一性约束和非空约束等，确保数据的完整性和一致性。在数据操作方面，主要讲解了数据的增删改操作，能够通过 INSERT、DELETE、UPDATE 语句对数据进行高效管理。此外，还讲解了数据完整性约束的重要性，如实体完整性、参照完整性和域完整性，通过约束条件有效防止了数据冗余和不一致问题。通过学习本项目，不仅可提升数据库设计和管理能力，还可为后续复杂数据库系统的开发奠定坚实基础。

课后习题

一、选择题

1. UNIQUE唯一索引的作用是（　　）。

A. 保证唯一索引不能被删除

B. 保证各行在该索引上的值不为NULL

C. 保证各行在该索引上的值都不重复

D. 保证参加唯一索引的各列，不得再参加其他索引

2. MySQL中的外键约束是（　　）。

A. unique constraint　　B. foreign key constraint

C. not null constraint　　D. primary key constraint

3. 以下（　　）不属于MySQL中日期和时间的数据类型。

A. date　　B. decimal

C. datetime　　D. timestamp

4. 设电话号码位数不超过15位，采用（　　）格式的数据类型存储最合适。

A. int　　B. decimal(15,0)

C. char(15)　　D. varchar(15)

5. 修改数据表结构的语句是（　　）。

A. UPDATE TABLE　　B. CREATE TABLE

C. ALTER TABLE　　D. INSERT TABLE

二、填空题

1. 查看数据库中所有数据表的语句是________。

2. 删除数据表中所有数据，可以使用________语句和________语句。

3. 若表中的一个字段定义类型为char，长度为25，当在此字段中输入字符串"MySQL数据库"时，此字段将占用________字节，若该字段定义类型为varchar，长度还是25，则该字段将占用________字节（字符集为utf8mb4）。

4. 创建数据表时添加非空约束的语法格式是________。

5. 一张数据表可以有________个主键约束、________个唯一约束。

项目 4
智慧校园数据库的查询

学习目标

◎知识目标

- 掌握简单查询和条件查询的方法。
- 掌握 ORDER BY 排序和 LIMIT 子句的使用方法。
- 掌握聚合函数的使用方法。
- 掌握多表连接查询和子查询的语法。
- 掌握 MySQL 数据库运算符的使用方法。
- 了解并学会 MySQL 数据库系统内置函数的使用方法。

◎能力目标

- 能够使用 SELECT 语句进行条件查询和排序。
- 能够在查询中使用聚合函数和分组查询。
- 能够使用 LIKE 进行模糊查询。
- 具有多表连接查询与子查询的能力。

◎素质目标

- 具有创造性思维，以及学习新的思考方式、探索解决问题的能力，并持续寻求改进和创新机会；工作严谨认真，具有树立责任心和敬业精神。
- 具有在学习中不断探索培养逻辑思维和抽象思维的能力，以及解决问题的能力。
- 增强团队合作意识和沟通能力，能够与团队成员有效协作，共同解决数据查询中的难题。

项目简介

数据库查询是通过 select 语句，向指定的表中查询特定信息的过程。它不仅可以进行简单的单表查询，也可以在多表之间进行查询。同时，它还提供了一些系统内部函数，不同类别的函数可以和 select 语句联合使用。数据查询是数据库管理和应用中不可或缺的一部分，本项目将介绍它的各种语法知识。

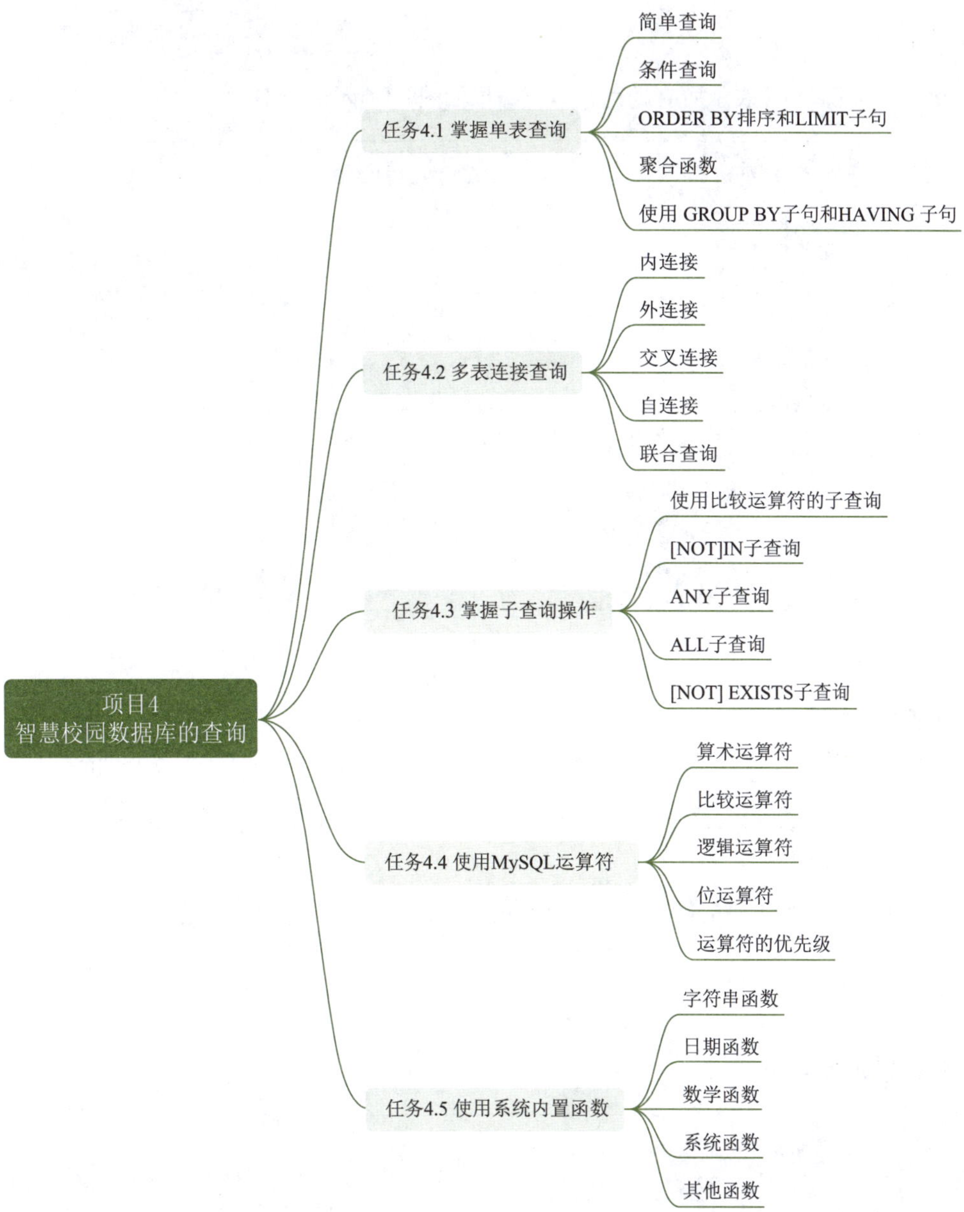

任务 4.1　掌握单表查询

单表查询是指对数据库中的一个表中的数据进行查询。通过精确地描述出需要的数据，实现对数据库的查询。需要注意的是，查询并不会改变数据库中已有的数据，只是查询数据。

4.1.1　简单查询

1. 查询所有的行和列

【例4.1】查询学生表所有学生的详细信息。

```
SELECT  *  FROM  student;
```

该语句通配符“*”表示所有的列，运行结果如图4-1所示。

id	name	sex	age	year	Ssystem	class_id	major_id
2412402404001	昌怜雪	女	18	2024	4	1	24
2412402404002	范一倩	女	16	2024	4	1	24
2412402404003	方惜玉	男	17	2024	4	1	24
2412402404004	葛碧春	女	18	2024	4	1	24
2412402404005	花白亦	女	(Null)	2024	4	1	24
2412402404006	林依波	男	19	2024	4	1	24
2412402404007	马听南	男	18	2024	4	1	27
2412402404008	念菡潘	男	17	2024	4	1	27
2412402404009	彭林安	男	18	2024	4	1	27
2412402404010	钱香巧	女	19	2024	4	1	27
2412402404011	苏幻巧	女	17	2024	4	1	27
2412402404012	韦奚郎	男	18	2024	4	1	27
2412402404013	吴紫萱	女	18	2024	4	2	27
2412402404014	云忆之	男	16	2024	4	2	27
2412402404015	朱涵易	男	(Null)	2024	4	2	27
2412402404016	虎林一	男	19	2024	4	2	27
2412402404017	苏兰香	女	18	2024	4	2	27
2412402404018	李建林	男	18	2024	4	2	27

图 4-1　查询所有的行和列

注意：

major_id是专业编号（参考major表），其中24表示“计算机科学与技术”，27表示“软件工程”。

2. 查询部分列

【例4.2】查询学生表中的姓名、性别和年龄。

```
SELECT  name,sex,age
FROM  student;
```

运行结果如图4-2所示。

视频

例4.2

name	sex	age
昌怜雪	女	18
范一倩	女	16
方惜玉	男	17
葛碧春	女	18
花白亦	女	(Null)
林依波	男	19
马听南	男	18
念菡潘	男	17
彭林安	男	18
钱香巧	女	19
苏幻巧	女	17
韦奚郎	男	18
吴紫萱	女	18
云忆之	男	16
朱涵易	男	(Null)
虎林一	男	19
苏兰香	女	18
李建林	男	18

图 4-2　查询部分列

3. 查询并计算列

【例4.3】查询学生表中的姓名、性别、入学年份和毕业年份。

```
SELECT  name,sex,year,year+Ssystem
FROM  student;
```

其中，year + Ssystem 是一个计算列，可以是算术表达式，也可以是字符串常量和函数。运行结果如图4-3所示。

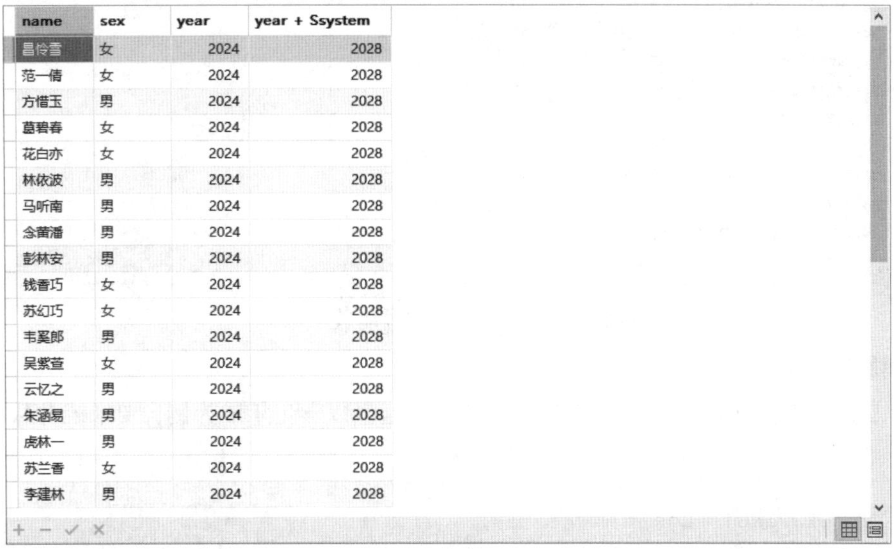

name	sex	year	year + Ssystem
昌伶香	女	2024	2028
范一倩	女	2024	2028
方惜玉	男	2024	2028
葛碧春	女	2024	2028
花白亦	女	2024	2028
林依波	男	2024	2028
马听南	男	2024	2028
念蕾潘	男	2024	2028
彭林安	男	2024	2028
钱香巧	女	2024	2028
苏幻巧	女	2024	2028
韦奚郎	男	2024	2028
吴紫萱	女	2024	2028
云忆之	男	2024	2028
朱涵易	男	2024	2028
虎林一	男	2024	2028
苏兰香	女	2024	2028
李建林	男	2024	2028

图 4-3　查询并计算列

4. 使用别名命名

为了程序简洁明了，提高查询语句的可读性，在查询中，也可以使用AS关键字来指定列（或表）的“别名”。

【例4.4】查询学生表中的学号、姓名、性别、年龄、班级编号和专业编号。

有两种方法指定别名：

①使用“列名AS列标题”形式：

```
SELECT  id AS 学号, name AS 姓名, sex AS 性别, age AS 年龄,
class_id AS 班级编号, major_id AS 专业编号
FROM  student;
```

②使用“列名 列标题”形式：

```
SELECT  id 学号, name 姓名, sex 性别, age 年龄, class_id 班级编号,
major_id 专业编号
FROM  student;
```

运行结果如图4-4所示。

学号	姓名	性别	年龄	班级编号	专业编号
2412402404001	昌怜雪	女	18	1	24
2412402404002	范一倩	女	16	1	24
2412402404003	方惜玉	男	17	1	24
2412402404004	葛碧春	女	18	1	24
2412402404005	花白亦	女	(Null)	1	24
2412402404006	林依波	男	19	1	24
2412402404007	马听南	男	18	1	27
2412402404008	念菡涌	男	17	1	27
2412402404009	彭林安	男	18	1	27
2412402404010	钱香巧	女	19	1	27
2412402404011	苏幻巧	女	17	1	27
2412402404012	韦奚郎	男	18	1	27
2412402404013	吴紫萱	女	18	2	27
2412402404014	云忆之	男	16	2	27
2412402404015	朱涵易	男	(Null)	2	27
2412402404016	虎林一	男	19	2	27
2412402404017	苏兰香	女	18	2	27
2412402404018	李建林	男	18	2	27

图 4-4　使用别名命名

5. 消除重复行

【例4.5】关键字DISTINCT可以消除重复的行。这里以学生年龄为例，要求统计目前学生的年龄阶段。

```
SELECT  DISTINCT  age
FROM  student;
```

运行结果如图4-5所示。

age
18
16
17
(Null)
19

图 4-5　消除重复行

4.1.2　条件查询

1. 简单条件查询

【例4.6】查询学生表中的姓名、年龄和性别，要求年龄大于 17 岁。

```
SELECT  name,age,sex
FROM  student
WHERE  age>17;
```

运行结果如图4-6所示。

name	age	sex
昌怜香	18	女
葛碧春	18	女
林依波	19	男
马听南	18	男
彭林安	18	男
钱香巧	19	女
韦奚郎	18	男
吴紫萱	18	女
虎林一	19	男
苏兰香	18	女
李建林	18	男

图 4-6　简单条件查询

视 频

例4.6

2. 查询值为空的行

【例4.7】查询学生表中没有填写年龄的信息。

```
SELECT  *
FROM  student
WHERE  age  IS  NULL;
```

采用is null或is not null判断查询值是否为空。运行结果如图4-7所示。

id	name	sex	age	year	Ssystem	class_id	major_id
2412402404005	花白亦	女	(Null)	2024	4	1	24
2412402404015	朱涵易	男	(Null)	2024	4	2	27

图 4-7　查询值为空的行

3. 多个条件查询

【例4.8】查询学生表中的学号、姓名、性别和班级编号，要求学生的性别为“男”，班级编号为“2”。

```
SELECT  id,name,sex,class_id
FROM  student
WHERE  sex='男'  AND class_id='2';
```

运行结果如图4-8所示。

id	name	sex	class_id
2412402404014	云亿之	男	2
2412402404015	朱涵易	男	2
2412402404016	虎林一	男	2
2412402404018	李建林	男	2

图 4-8　多个条件查询

注意：

（1）AND表示查询要同时满足两个条件。

（2）OR表示查询条件只需要满足其中之一即可。

4. 指定范围查询

【例4.9】查询学生表中的姓名、性别和年龄，要求年龄在16岁到18岁。

```
SELECT  name,sex,age
FROM  student
WHERE  age  BETWEEN 16 AND 18;
```

其中，BETWEEN 16 AND 18表示在 16 和 18之间，相当于“16<= age<=18”。查询结果如图4-9所示。

name	sex	age
昌伶雪	女	18
范一倩	女	16
方惜玉	男	17
葛碧春	女	18
马听南	男	18
念菡涵	男	17
彭林安	男	18
苏幻巧	女	17
韦奚郎	男	18
吴紫萱	女	18
云忆之	男	16
苏兰香	女	18
李建林	男	18

图 4-9　指定范围查询

5. 指定集合查询

【例4.10】查询学生表中的姓名、性别和年龄，要求年龄是“16”或“19”。

①查询的值是指定的某些值之一，可以使用带列举值的IN关键字进行查询。

```
SELECT  name,sex,age
FROM  student
WHERE  age  IN ('16','19');
```

②“age IN ('16' , '19');”相当于OR运算，本例可改写为如下所示内容。

```
SELECT  name,sex,age
FROM  student
WHERE  age='16' OR age='19';
```

查询结果如图4-10所示。

name	sex	age
范一倩	女	16
林依波	男	19
钱香巧	女	19
云忆之	男	16
虎林一	男	19

图 4-10　指定集合查询

6. 模糊查询

关键字 like 在进行字符串的匹配时，需要和通配符一起使用，共同完成特殊条件的查询。通配符见表4-1。

表 4-1　通配符

通配符	含 义	示 例
_	一个字符	like '林_'
%	任意长度的字符串	like ‘%林%‘

【例4.11】查询学生表中的姓名、性别和年龄，要求姓名中包含“林”字。

```
SELECT  name,sex,age
FROM  student
WHERE  name  LIKE  '%林%';
```

运行结果如图4-11所示。

name	sex	age
林依波	男	19
彭林安	男	18
虎林一	男	19
李建林	男	18

图 4-11　模糊查询

4.1.3　ORDER BY 排序和 LIMIT 子句

1. ORDER BY 排序

使用ORDER BY子句进行排序，排列顺序可以是升序（ASC）或降序（DESC）。如果不进行设置，则默认按升序排列。

【例4.12】查询学生表中的学号、姓名、性别和年龄，要求学生的年龄按照从高到低排序。

```
SELECT  id,name,sex,age
FROM  student
ORDER BY  age DESC;
```

运行结果如图4-12所示。

id	name	sex	age
2412402404006	林依波	男	19
2412402404010	钱香巧	女	19
2412402404016	虎林一	男	19
2412402404001	昌怜雪	女	18
2412402404004	葛碧春	女	18
2412402404007	马听南	男	18
2412402404009	彭林安	男	18
2412402404012	韦奚郎	男	18
2412402404013	吴紫萱	女	18
2412402404017	苏兰香	女	18
2412402404018	李建林	男	18
2412402404003	方惜玉	男	17
2412402404008	念茜潘	男	17
2412402404011	苏幻巧	女	17
2412402404002	范一倩	女	16
2412402404014	云忆之	男	16
2412402404005	花白亦	女	(Null)
2412402404015	朱涵易	男	(Null)

图 4-12　查询排序

视 频

例4.12

2. ORDER BY 多字段排序

ORDER BY 子句也可以对多个字段进行排序，排序的字段之间用逗号分隔。

【例4.13】查询学生表中的学号、姓名、性别和年龄，要求学生的年龄在18岁以上，按年龄升序排列，如果年龄相同，再按性别降序排列。

```
SELECT  id,name,sex,age
FROM  student
WHERE  age>=18
ORDER BY  age,sex DESC;
```

运行结果如图4-13所示。

id	name	sex	age
2412402404007	马听南	男	18
2412402404009	彭林安	男	18
2412402404012	韦奚郎	男	18
2412402404018	李建林	男	18
2412402404001	昌怜雪	女	18
2412402404004	葛碧春	女	18
2412402404013	吴紫萱	女	18
2412402404017	苏兰香	女	18
2412402404006	林依波	男	19
2412402404016	虎林一	男	19
2412402404010	钱香巧	女	19

图 4-13　查询多个排序

注意:

排序遵循以下规则。

①数值型数据按照数值大小进行比较。

②如果排序的列中有空值（null），则空值最小。

③中英文字符按照ASCII码中，对应值的大小进行比较。

④日期型数据按年、月、日的数值大小进行比较。

⑤逻辑型数据 true（1）大于 false（0）。

3. LIMIT 查询指定结果的数量

用户在查询数据时，如果不进行条件限制，会查询出符合条件的全部记录。而有时用户需要的只是一部分的记录，这时就需要用LIMIT来限制查询结果的数量。LIMIT是MySQL中一个特殊的关键字，可以指定一共显示多少条记录，也可以指定从哪条记录开始显示查询结果。LIMIT的语法格式如下，其中constant 都是非负的整数常数。

```
LIMIT {[constant_1,] constant_2}
```

例如：SELECT * FROM student LIMIT 3;指提取前三条数据。

又如：SELECT * FROM student LIMIT 2,3;指从第二行的下一行开始向下取3条数据，即取3、4、5行的三条数据。

```
LIMIT {constant_2 offset constant_1}
```

例如：SELECT * FROM student LIMIT 3 offset 2; 指从第二行的下一行开始向下取3条数据，即取3、4、5行的三条数据。

【例4.14】查询学生成绩表中的所有信息，要求按照思想道德修养与法律基础的成绩降序排列，只显示前5行的数据。

视　频

例4.14

```
SELECT  *
FROM  student_score
ORDER BY  G10011 DESC
LIMIT  5;
```

运行结果如图4-14所示。

id	name	sex	age	G10011	G1001G	K0006I	K0014I
2412402404017	苏兰香	男	18	93	92	(Null)	93
2412402404005	花白亦	男	(Null)	92	90	88	(Null)
2412402404003	方惜玉	男	17	91	83	78	(Null)
2412402404016	虎林一	女	19	89	85	(Null)	91
2412402404018	李建林	女	18	88	88	(Null)	89

图4-14　查询指定结果的数量

注意：

G10011是课程编号（参考course表），表示思想道德修养与法律基础的成绩。G1001G表示大学体育的成绩，K0006I表示计算机组成原理的成绩，K0014I表示软件项目管理的成绩。

4. 查询排序后指定结果的数量

【例4.15】查询学生成绩表中的所有信息，要求按照思想道德修养与法律基础的成绩降序排列，显示从第2 条记录开始的3 条记录。

```
SELECT  *
FROM  student_score
ORDER BY  G10011 DESC
LIMIT  1,3;
```

运行结果如图4-15所示。

id	name	sex	age	G10011	G1001G	K0006I	K0014I
2412402404005	花白亦	男	(Null)	92	90	88	(Null)
2412402404003	方惜玉	男	17	91	83	78	(Null)
2412402404016	虎林一	女	19	89	85	(Null)	91

图4-15　查询排序后指定结果的数量

4.1.4　聚合函数

数据库中的聚合函数是预定义好的、可以直接在SQL查询中使用的函数，用于对一组值执行计算并返回单个值。这些函数在数据分析、报表生成和查询优化中非常有用。最常用的聚合函数及其说明见表4-2。

表4-2　部分常用的聚合函数

序　号	函数名称	说　明
1	sum	计算选取数据所有值的和
2	count	计算选取数据所有行的总数
3	max	找出选取数据所有值的最大值
4	min	找出选取数据所有值的最小值
5	avg	计算选取数据所有值的平均值
6	group_concat()	将来自多个记录的列值连接成一个字符串
7	string_agg()	比group_concat()更灵活，允许指定分隔符和排序
8	distinct 关键字	与聚合函数一起使用，可以在计算中仅考虑唯一的值

注意：

聚合函数也属于系统内置函数。因为聚合函数通常与GROUP BY子句一起使用，所以把它的讲解放在本小节。

【例4.16】查询学生成绩表，要求统计学生总数，学生思想道德修养与法律基础的成绩最大值、最小值和平均值。

```
SELECT  count(*) AS 学生总数,max(g10011) AS 最高成绩,
min(g10011)AS 最低成绩,avg(g10011) AS 平均成绩
FROM  student_score;
```

视频

例4.16

运行结果如图4-16所示。

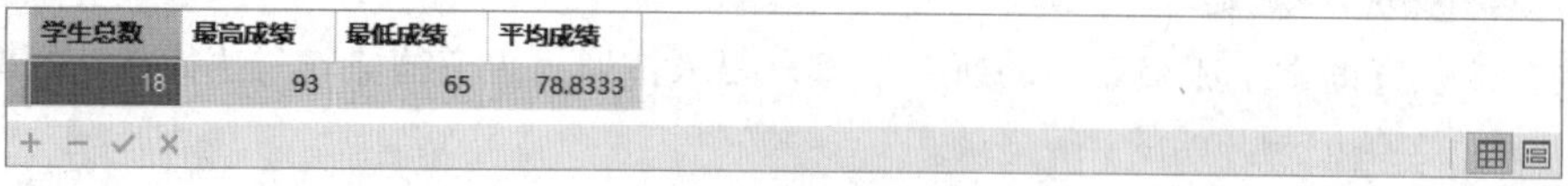

学生总数	最高成绩	最低成绩	平均成绩
18	93	65	78.8333

图4-16　聚合函数

注意：

count()函数有两种使用形式。

① count（*）：计算整个表中行的总数，即使表中某个行有数据为NULL，也被计入其中。

② count（column）：计算某一列包含的行的数目，如果该列某行数据为NULL，则该行不计入统计总数。

4.1.5　使用 GROUP BY 子句和 HAVING 子句

聚合函数通常用于与SELECT语句结合，特别是在包含GROUP BY子句的查询中，以便对分组后的数据进行汇总计算。如果分组后还需要筛选满足条件的行，则需要用HAVING子句指定筛选条件。

1. GROUP BY 简单分组

【例4.17】查询学生成绩表中的年龄，要求按照年龄分组，统计学生不同年龄阶段的数量和

大学体育课程的平均成绩。

视 频

例4.17

```
SELECT  age AS 年龄,count(*) AS 数量,
AVG(G1001G) AS 大学体育平均成绩
FROM  student_score
GROUP  BY age;
```

运行结果如图4-17所示。

年龄	数量	大学体育平均成绩
18	8	84.0000
16	2	71.5000
17	3	86.3333
(Null)	2	85.5000
19	3	75.0000

图 4-17　简单分组

2. HAVING 筛选分组结果

【例4.18】查询学生成绩表中的年龄和大学体育成绩，要求按照年龄分组，统计学生年龄为18的数量和大学体育课程的平均成绩。

```
SELECT  age AS 年龄,count(*) AS 数量,
avg(G1001G) AS 大学体育平均成绩
FROM  student_score
GROUP  BY age
HAVING  age='18';
```

WHERE子句也可以对结果进行筛选，代码如下：

```
SELECT   age AS 年龄,count(*) AS 数量,
avg(G1001G) AS 大学体育平均成绩
FROM  student_score
WHERE  age='18'
GROUP  BY age;
```

运行结果如图4-18所示。

年龄	数量	大学体育平均成绩
18	8	84.0000

图 4-18　筛选分组

注意：

要正确理解HAVING和WHERE子句在GROUP BY中的联系和区别。

① HAVING子句和WHERE子句都是设置条件。

② WHERE子句是为FROM子句设置条件，在分组操作之前应用。

③ HAVING子句是为GROUP BY子句设置条件，在分组操作之后应用。

④ HAVING子句中可以使用聚合函数设置条件，而WHERE子句不可以。

因此，下面的查询语句中，HAVING子句就不可以用WHERE子句取代。

【例4.19】查询学生成绩表中的年龄和大学体育成绩，统计不同年龄的数量，要求按照年龄分组，大学体育课程的平均成绩大于80。

```
SELECT  age AS 年龄,count(*) AS 数量,
AVG(G1001G) AS 大学体育平均成绩
FROM  student_score
GROUP BY  age
HAVING avg  (G1001G)>80;
```

运行结果如图4-19所示。

年龄	数量	大学体育平均成绩
18	8	84.0000
17	3	86.3333
(Null)	2	85.5000

图 4-19　HAVING 子句筛选分组

HAVING和WHERE子句也可以在同一条SELECT语句中一起使用，使用的顺序为先WHERE，再GROUP BY，最后HAVING。

【例4.20】查询学生成绩表中的年龄和大学体育成绩，要求按照年龄分组，统计学生年龄大于17的数量，并且大学体育课程的平均成绩大于70。

```
SELECT  age AS 年龄,count(*)AS 数量,
avg(G1001G)AS 大学体育平均成绩
FROM  student_score
WHERE  age>17
GROUP  by age
HAVING  avg (G1001G)>70;
```

运行结果如图4-20所示。

年龄	数量	大学体育平均成绩
18	8	84.0000
19	3	75.0000

图 4-20　having 和 where 子句筛选分组

3. 分组后排序

【例4.21】查询学生成绩表中的年龄，要求按照年龄分组，统计学生不同年龄的数量，并且按照大学体育的平均成绩从高到低排序。

```
SELECT  age AS 年龄,count(*)AS 数量,
avg(G1001G)AS 大学体育平均成绩
FROM  student_score
GROUP  BY age
ORDER  BY  avg (G1001G) DESC;
```

运行结果如图4-21所示。

年龄	数量	大学体育平均成绩
17	3	86.3333
(Null)	2	85.5000
18	8	84.0000
19	3	75.0000
16	2	71.5000

图 4-21　分组后排序

4. 统计功能分组查询

如果想显示每个分组中的字段，可以通过函数 group_concat()实现。

【例4.22】查询学生成绩表中的年龄，要求按照年龄分组，统计每组中学生的名称，每组中学生的个数。

```
SELECT  age 年龄, group_concat(name) 姓名,count(name) 数量
FROM  student_score
GROUP  by age;
```

运行结果如图4-22所示。

年龄	姓名	数量
(Null)	花白亦,朱涵易	2
16	范一倩,云忆之	2
17	方惜玉,念蕾潘,苏幻巧	3
18	昌怜雪,葛碧春,马听南,彭林安,韦奚郎,吴紫萱,苏兰香,李建林	8
19	林依波,钱香巧,虎林一	3

图 4-22　统计功能分组查询

任务 4.2　掌握多表连接查询

当需要的数据分散在多个表中，而这些表之间通过某些字段（如外键）相关联时，就可以使用多表连接查询来整合这些数据。多表连接查询是数据库查询中常见的一种查询方式，主要用于查询存储在多个相关表中的数据。连接可分为内连接、外连接、交叉连接和自连接等。

4.2.1　内连接

内连接（inner join）也称为普通连接或自然连接，是数据库查询中一种常见的连接方式，主要用于查询两个或多个表中满足连接条件的记录。内连接通常使用比较运算符（=、>、<）判断两个表的列数据是否相同，并返回两个表满足连接条件的记录。

1. 在 WHERE 子句中指定连接条件

直接使用FROM子句连接表，返回的值在实际应用中没什么意义。实际应用中，通常需要查询的两个表的记录满足一定的关系。这时，可以在SELECT语句的WHERE子句中指定连接条件。

【例4.23】查询学生信息及相关的成绩信息，要求显示学生基本信息，以及学生成绩表中和

学号匹配的成绩。

```
SELECT  student.id,student.name,student.class_id,student.major_id,
student_score.G10011 , student_score.G1001G
FROM  student , student_score
WHERE  student.id=student_score.id;
```

运行结果如图4-23所示。

视频

例4.23

id	name	class_id	major_id	G10011	G1001G
2412402404001	昌怜雪	1	24	72	88
2412402404002	范一倩	1	24	74	68
2412402404003	方惜玉	1	24	91	83
2412402404004	葛碧春	1	24	65	76
2412402404005	花白亦	1	24	92	90
2412402404006	林依波	1	24	76	68
2412402404007	马听南	1	27	82	77
2412402404008	念菌潘	1	27	75	86
2412402404009	彭林安	1	27	77	83
2412402404010	钱香巧	1	27	65	72
2412402404011	苏幻巧	1	27	85	90
2412402404012	韦奚郎	1	27	73	82
2412402404013	吴紫萱	2	27	74	86
2412402404014	云忆之	2	27	70	75
2412402404015	朱涵易	2	27	78	81
2412402404016	虎林一	2	27	89	85
2412402404017	苏兰香	2	27	93	92
2412402404018	李建林	2	27	88	88

图 4-23　where 子句查询结果

注意：

在多表连接查询中，为避免两个表中存在同名的列而产生错误，一般在列名前要指定表的名称，即用“表名．列名”的完整表达方式。如果连接的两个表中没有相同的列名，则可以省略表名。

2. 使用 JOIN 关键字实现连接

以上的查询也可以通过JOIN...ON子句来实现。

【例4.24】查询学生信息及相关的成绩信息，要求显示学生基本信息，以及学生成绩表中和学号匹配的成绩。

```
SELECT  student.id , student.name,student.class_id,student.major_id,
student_score.G10011, student_score.G1001G
FROM  student
JOIN  student_score
ON  student.id=student_score.id;
```

运行结果如图4-24所示。

id	name	class_id	major_id	G10011	G1001G
2412402404001	昌怜雪	1	24	72	88
2412402404002	范一倩	1	24	74	68
2412402404003	方惜玉	1	24	91	83
2412402404004	葛碧春	1	24	65	76
2412402404005	花白亦	1	24	92	90
2412402404006	林依波	1	24	76	68
2412402404007	马听南	1	27	82	77
2412402404008	念菌潘	1	27	75	86
2412402404009	彭林安	1	27	77	83
2412402404010	钱香巧	1	27	65	72
2412402404011	苏幻巧	1	27	85	90
2412402404012	韦奚郎	1	27	73	82
2412402404013	吴紫萱	2	27	74	86
2412402404014	云忆之	2	27	70	75
2412402404015	朱涵易	2	27	78	81
2412402404016	虎林一	2	27	89	85
2412402404017	苏兰香	2	27	93	92
2412402404018	李建林	2	27	88	88

图 4-24　join 关键字查询结果

3. 使用别名作为表名的简写

为了程序简洁明了，提高查询语句的可读性，在连接查询中，也可以使用AS关键字来指定表的“别名”。

【例4.25】使用别名作为表名的简写，查询学生的学号、姓名、入学年份和大学体育的成绩。

```
SELECT  S.id,S.name,S.year,C.G1001G
FROM  student AS S
JOIN  student_score AS C
ON  S.id=C.id;
```

在本示例中，使用别名 S 和 C 分别代表 student 和 student_score，在连接条件中就可以直接使用别名。运行结果如图4-25所示。

id	name	year	G1001G
2412402404001	昌怜雪	2024	88
2412402404002	范一倩	2024	68
2412402404003	方惜玉	2024	83
2412402404004	葛碧春	2024	76
2412402404005	花白亦	2024	90
2412402404006	林依波	2024	68
2412402404007	马听南	2024	77
2412402404008	念菌潘	2024	86
2412402404009	彭林安	2024	83
2412402404010	钱香巧	2024	72
2412402404011	苏幻巧	2024	90
2412402404012	韦奚郎	2024	82
2412402404013	吴紫萱	2024	86
2412402404014	云忆之	2024	75
2412402404015	朱涵易	2024	81
2412402404016	虎林一	2024	85
2412402404017	苏兰香	2024	92
2412402404018	李建林	2024	88

图 4-25　使用别名作为表名的简写

4.2.2 外连接

外连接（outer join）是SQL查询中的一种连接操作，用于连接两个或多个表，并返回满足指定条件的记录，同时还包括那些在连接条件中不匹配的记录。外连接允许用户从一个表中选择所有的记录，而无论这些记录在另一个表中是否有匹配的记录。如果某条记录在另一个表中没有匹配项，则结果集中的对应字段值将为null。

外连接分为左外连接（left join）、右外连接（right join）和全外连接（full join），这里仅着重介绍左外连接和右外连接。

1. 左外连接

左外连接使用LEFT JOIN关键字，以左表（JOIN关键字左边的表）为基础，返回左表中的所有行，以及左表和右表中匹配的行。如果左表中的某行在右表中没有匹配行，则结果集中右表的部分将显示为NULL。

左外连接（left join）语法格式如下：

```
SELECT * FROM 表1 LEFT JOIN 表2 ON 表1.字段=表2.字段;
```

左外连接查询结果可以表示如下：

左外连接 = 内部连接 + 左表中失配的元组

> **注意：**
> 为展示查询效果，在student和student_score表中各添加一行不同的数据。

在student表中添加数据内容，如图4-26所示。

id	name	sex	age	year	Ssystem	class_id	major_id
2412402404020	吴联达	男	19	2024	4	2	27

图 4-26　student 表中添加数据

在student_score表中添加数据内容，如图4-27所示。

id	name	sex	age	G10011	G1001G	K0006I	K0014I
2412402404019	周乐伊	女	18	66	73	(Null)	78

图 4-27　student_score 表中添加数据

【例4.26】查询学生信息及其部分成绩信息，不管该学生是否有成绩信息存在。

```
SELECT  student.name, student.class_id, student.major_id,
student_score.G10011, student_score.G1001G
FROM  student
LEFT JOIN  student_score
ON  student.id=student_score.id;
```

从查询的结果看，学生信息表 student（左表）中所有行的列（name，class_id）都显示出来，学生成绩表 student_score（右表）中没有匹配行的列（G10011，G1001G）填充为 null。运行结果如图4-28所示。

2. 右外连接

右外连接使用RIGHT JOIN关键字，它与左外连接相反，以右表（JOIN关键字右边的表）为基础，返回右表中的所有行，以及右表和左表中匹配的行。如果右表中的某行在左表中没有匹配的行，则结果集中左表的部分将显示为NULL。

id	name	class_id	major_id	G10011	G1001G
2412402404001	昌怜雪	1	24	72	88
2412402404002	范一倩	1	24	74	68
2412402404003	方惜玉	1	24	91	83
2412402404004	葛碧春	1	24	65	76
2412402404005	花白亦	1	24	92	90
2412402404006	林依波	1	24	76	68
2412402404007	马听南	1	27	82	77
2412402404008	念茴潘	1	27	75	86
2412402404009	彭林安	1	27	77	83
2412402404010	钱香巧	1	27	65	72
2412402404011	苏幻巧	1	27	85	90
2412402404012	韦奚郎	1	27	73	82
2412402404013	吴紫萱	2	27	74	86
2412402404014	云忆之	2	27	70	75
2412402404015	朱涵易	2	27	78	81
2412402404016	虎林一	2	27	89	85
2412402404017	苏兰香	2	27	93	92
2412402404018	李建林	2	27	88	88
2412402404020	吴联达	2	27	(Null)	(Null)

图 4-28　左外连接查询结果

右外连接（RIGHT JOIN）语法格式如下：

```
SELECT * FROM 表1 RIGHT JOIN 表2 ON 表1.字段=表2.字段;
```

右外连接查询结果可以表示如下：

```
右外连接=内部连接+右表中失配的元组
```

【例4.27】查询学生信息及其部分成绩信息，不管该学生是否有学生信息存在。

```
SELECT  student.name, student.class_id, student.major_id,
student_score.G10011, student_score.G1001G
FROM  student
RIGHT JOIN  student_score
ON  student.id=student_score.id;
```

从查询的结果看，书籍表 student_score（右表）中所有行的列（G10011，G1001G）都显示出来，书籍类别表 student（左表）中没有匹配行的列（name，class_id）都填充为NULL。运行结果如图4-29所示。

> **注意：**
> 为了保持数据的完整性，将刚才添加的记录删除。

name	class_id	major_id	G10011	G1001G
昌怜香	1	24	72	88
范一倩	1	24	74	68
方惜玉	1	24	91	83
葛碧春	1	24	65	76
花白亦	1	24	92	90
林依波	1	24	76	68
马听南	1	27	82	77
念菡潘	1	27	75	86
彭林安	1	27	77	83
钱香巧	1	27	65	72
苏幻巧	1	27	85	90
韦奚郎	1	27	73	82
吴紫萱	2	27	74	86
云忆之	2	27	70	75
朱涵易	2	27	78	81
虎林一	2	27	89	85
苏兰香	2	27	93	92
李建林	2	27	88	88
(Null)	(Null)	(Null)	66	73

图 4-29　右外连接查询结果

4.2.3　交叉连接

交叉连接使用CROSS JOIN关键字，也称为笛卡儿连接（Cartesian join）或叉乘（product）。交叉连接在数据库操作中是一种特殊的连接类型，它返回被连接的两个表所有数据行的笛卡儿积。在SQL语句中，可以通过使用CROSS JOIN关键字或省略该关键字（仅列出表名）来实现交叉连接。然而，由于交叉连接可能生成大量数据，因此在使用时应谨慎考虑其适用性和效率。

【例4.28】使用交叉连接查询学生的基本信息及相关的部分成绩信息。

```
SELECT  student.id,student.name, student.class_id,student.major_id,
STUDENT_score.G10011,student_score.G1001G
FROM  student
CROSS join  student_score;
```

也可以省略CROSS JOIN关键字，简单地通过在FROM子句中列出两个表名（用逗号分隔）来实现交叉连接。但这种方法可能会因数据库的不同而有所差异，且不如使用CROSS JOIN关键字清晰。

```
SELECT  student.id,student.name,student.class_id,student.major_id,
student_score.G10011,student_score.G1001G
FROM  student,student_score;
```

返回的是两个表所有数据行的笛卡儿积。运行结果如图4-30所示。

id	name	class_id	major_id	G10011	G1001G
2412402404018	李建林	2	27	72	88
2412402404017	苏兰香	2	27	72	88
2412402404016	虎林一	2	27	72	88
2412402404015	朱涵易	2	27	72	88
2412402404014	云忆之	2	27	72	88
2412402404013	吴紫萱	2	27	72	88
2412402404012	韦奚郎	1	27	72	88
2412402404011	苏幻巧	1	27	72	88
2412402404010	钱香巧	1	27	72	88
2412402404009	彭林安	1	27	72	88
2412402404008	念苗潘	1	27	72	88
2412402404007	马听南	1	27	72	88
2412402404006	林依波	1	24	72	88
2412402404005	花白亦	1	24	72	88
2412402404004	葛碧春	1	24	72	88
2412402404003	方惜玉	1	24	72	88
2412402404002	范一倩	1	24	72	88
2412402404001	昌怜雪	1	24	72	88
2412402404018	李建林	2	27	74	68

图 4-30　交叉连接结果

4.2.4　自连接

自连接是SQL语句中经常使用的连接方式，在自连接中，表本身被当作两个不同的表来处理，通常通过为表指定不同的别名来实现。

【例4.29】查询大学体育成绩高于“虎林一”学生的学号、姓名和大学体育成绩，并按成绩从高到低排序。

```
SELECT  C2.id,C2.name,C2.G1001G
FROM  student_score AS C1,student_score AS C2
WHERE  C1.name="虎林一"  AND  C1.G1001G<C2.G1001G
ORDER BY  C2.G1001G;
```

在本示例中，from子句后的两个表实际上都是表student_score。为了独立使用它们，采取表别名方法，分别为其定义别名C1 和C2。运行结果如图4-31所示。

id	name	G1001G
2412402404008	念苗潘	86
2412402404013	吴紫萱	86
2412402404001	昌怜雪	88
2412402404018	李建林	88
2412402404005	花白亦	90
2412402404011	苏幻巧	90
2412402404017	苏兰香	92

图 4-31　自连接结果

4.2.5　联合查询

联合查询主要用于将两个或两个以上的查询结果合并成一个结果集，使用关键字词为

UNION或UNION all。如果需要，还可以对合并后的结果集进行排序或限制返回的记录数。UNION的语法格式如下：

```
SELECT_statement
    UNION [ALL] select_statement2
    [UNION [ALL] selec_statement][…n]
```

其中，select_statement为待联合的SELECT查询语句。ALL选项表示将所有行合并到结果集合中。不指定该项时，被联合查询结果集合中的重复行将只保留一行。

【例4.30】查询学生成绩表中的学号、姓名、大学体育成绩，要求分别查询姓名中带有“林”字和成绩大于90，并将两个不同条件查询的结果合并到一张表中。

```
SELECT   id,name,G1001G
FROM     student_score
WHERE    name like '%林%'
UNION
SELECT   id,name,G1001G
FROM     student_score
WHERE    G1001G>90;
```

在本示例中，将两个不同条件查询的结果合并到一张表中。运行结果如图4-32所示。

id	name	G1001G
2412402404006	林依波	68
2412402404009	彭林安	83
2412402404016	虎林一	85
2412402404018	李建林	88
2412402404017	苏兰香	92

图 4-32　联合查询结果

注意：

①列数相同：所有SELECT语句中的列数必须相同。

②列类型兼容：对应列的数据类型必须兼容，以便合并结果集。

③列名：合并后的结果集中的列名将是第一个SELECT语句中的列名。因此，要定义列标题必须在第一个查询语句中定义。

④排序和限制：使用ORDER BY子句对合并后的结果集进行排序，必须使用第一查询语句中的列名。使用LIMIT子句限制返回的记录数，ORDER BY和LIMIT子句放在所有UNION或UNION ALL语句的最后。

任务 4.3　掌握子查询操作

子查询又称内部查询或内部选择，而包含子查询的语句又称外部查询或父查询。子查询是一个嵌套在其他SQL查询语句中的查询，可以出现在SELECT、FROM、WHERE或HAVING子句中，为外部查询提供数据或条件。

①IN：与子查询返回结果集中某个值相等。

②NOT IN：与子查询返回结果集中任何一个值不相等。

③>ANY：比子查询返回结果中的某个值大。

④<ANY：比子查询返回结果中的某个值小。

⑤=ANY：与子查询返回结果中的某个值相等。

⑥>ALL：比子查询返回结果中的所有值都大。

⑦<ALL：比子查询返回结果中的所有值都小。

⑧EXISTS：子查询至少返回一行时条件为true。

⑨NOT EXISTS：子查询不返回任何一行时条件为true。

4.3.1　使用比较运算符的子查询

带有比较运算符的子查询是指父查询与子查询之间用比较符进行连接。当子查询返回的值是单值时，可以用 >、<、=、>=、<=、!= 或 < > 等比较运算符。

【例4.31】查询学生成绩表中的姓名、性别、大学体育成绩，要求大学体育成绩高于“彭林安”，并且成绩按照从高到低排序。

```
SELECT   id,name,G1001G
FROM     student_score
WHERE    G1001G>(SELECT  G1001G
FROM     student_score
WHERE    name='彭林安')
ORDER BY  G1001G  DESC;
```

上述查询中，MySQL 语句执行时，先执行子查询部分，求出子查询部分的值，然后再执行整个父查询。运行结果如图4-33所示。

id	name	G1001G
2412402404017	苏兰香	92
2412402404005	花白亦	90
2412402404011	苏幻巧	90
2412402404001	昌怜雪	88
2412402404018	李建林	88
2412402404008	念菡潘	86
2412402404013	吴紫萱	86
2412402404016	虎林一	85

图 4-33　比较运算符的子查询结果

4.3.2　[NOT] IN 子查询

IN子查询是一种特殊类型的子查询，它允许在WHERE子句中指定一个条件，这个条件检查某个列的值是否存在于子查询返回的结果集中。

【例4.32】查询软件项目管理成绩为空的学生姓名、班级和专业。

```
SELECT   name,class_id,major_id
FROM     student
WHERE    name IN (SELECT name
FROM     student_score
```

```
WHERE  K0014I IS NULL);
```

如果希望查找软件项目管理成绩不为空的学生姓名、班级和专业，加上NOT即可。查询结果如图4-34所示。

name	class_id	major_id
昌怜雪	1	24
范一倩	1	24
方惜玉	1	24
葛碧春	1	24
花白亦	1	24
林依波	1	24

图 4-34　IN 子查询结果

4.3.3　ANY 子查询

关键字ANY用来表示主查询的条件为满足子查询返回查询结果中任意一条数据记录，该关键字有3种匹配方式。

①>ANY（或 >=ANY）：大于（或大于等于）子查询返回结果中的某个值。

②<ANY（或 <=ANY）：小于（或小于等于）子查询返回结果中的某个值。

③=ANY：与子查询返回结果中的某个值相等。

【例4.33】查询学生成绩表中的学号、姓名、大学体育成绩，要求学生成绩大于姓名为“马听南”或者“方惜玉”的成绩。

```
SELECT id,name,G1001G
FROM   student_score
WHERE  G1001G >ANY(
       SELECT G1001G FROM student_score
       WHERE name="马听南" OR name="方惜玉");
```

运行结果如图4-35所示。

id	name	G1001G
2412402404001	昌怜雪	88
2412402404003	方惜玉	83
2412402404005	花白亦	90
2412402404008	念菌潘	86
2412402404009	彭林安	83
2412402404011	苏幻巧	90
2412402404012	韦奚郎	82
2412402404013	吴紫萱	86
2412402404015	朱涵易	81
2412402404016	虎林一	85
2412402404017	苏兰香	92
2412402404018	李建林	88

图 4-35　ANY 子查询结果

4.3.4　ALL 子查询

关键字ALL用来表示主查询的条件为满足子查询返回查询结果中所有数据记录。该关键字有两种匹配方式：

①>ALL（或 >=ALL）：大于（或大于等于）子查询返回结果中的所有值。

②< ALL（或 <=ALL）：小于（或小于等于）子查询返回结果中的所有值。

【例4.34】查询学生成绩表中的学号、姓名、大学体育成绩，要求学生成绩大于姓名为“马听南”和“方惜玉”的成绩。

```
SELECT  id,name,G1001G
FROM    student_score
WHERE   G1001G >ALL(
        SELECT G1001G FROM student_score
        WHERE name="马听南" OR name="方惜玉");
```

运行结果如图4-36所示。

id	name	G1001G
2412402404001	昌怜雪	88
2412402404005	花白亦	90
2412402404008	念菡潘	86
2412402404011	苏幻巧	90
2412402404013	吴紫萱	86
2412402404016	虎林一	85
2412402404017	苏兰香	92
2412402404018	李建林	88

图 4-36　all 子查询结果

4.3.5　[NOT] EXISTS 子查询

EXISTS子查询是 SQL 中的一个非常有用的特性，它用于测试子查询是否返回任何行。如果子查询至少返回一行，则EXISTS条件为真（true），外部查询将选择满足该条件的行。如果子查询没有返回任何行，则EXISTS条件为假（false），外部查询将忽略这些行。EXISTS只关心子查询是否返回行，而不关心返回哪些列或这些列的值是什么。

【例4.35】查询学生表中没有年龄数据的软件项目管理成绩。

```
SELECT  id,name,age,K0014I
FROM    student_score
WHERE   NOT EXISTS(
        SELECT * FROM student
        WHERE student.age=student_score.age);
```

运行结果如图4-37所示。

id	name	age	K0014I
2412402404005	花白亦	(Null)	(Null)
2412402404015	朱涵易	(Null)	78

图 4-37　EXISTS 子查询结果

使用NOT EXISTS关键字后，若查询结果非空，则WHERE子句返回假值，否则返回真值。与内连接方式查询相比，子查询的效率高。

任务 4.4　使用 MySQL 运算符

MySQL支持多种运算符，这些运算符用于在数据库查询中执行数学计算、比较值、逻辑判断等。通过运算符，可以更加灵活地筛选出符合条件的数据。MySQL 运算符包括4类，分别是算术运算符、比较运算符、逻辑运算符和位运算符。

4.4.1　算术运算符

算术运算符主要用于对数值进行基本的数学运算，包括加、减、乘、除、取余，具体描述见表4-3。

表 4-3　算术运算符

符　号	作　用	举　例
+	加法运算	a + 10
-	减法运算	a - 10
*	乘法运算	a * 10
/	除法运算	a / 10
%	求余运算	a % 10

【例4.36】使用算术运算符对学生成绩表中的计算机组成原理 K0006I字段，其中不为空的值进行加、减、乘、除运算。

```
SELECT K0006I,K0006I+10,K0006I-10,K0006I*10,K0006I/10
FROM student_score
WHERE K0006I IS NOT NULL;
```

运行结果如图4-38所示。

K0006I	K0006I+10	K0006I-10	K0006I*10	K0006I/10
75	85	65	750	7.5000
66	76	56	660	6.6000
78	88	68	780	7.8000
88	98	78	880	8.8000
88	98	78	880	8.8000
81	91	71	810	8.1000

图 4-38　算术运算符运算结果

4.4.2　比较运算符

比较运算符用于比较两个表达式的值，其运算结果为逻辑值，分别是1（真）、0（假）及NULL（不能确定）。SELECT语句中的条件语句经常要使用比较运算符，用来判断表中的哪些记录是符合条件的。具体描述见表4-4。

表4-4　比较运算符

符　号	作　用	示　例
=	等于	a = b
<>或! =	不等于	a <> b 或 a != b
>=	大于等于	a >= b
<=	小于等于	a <= b
IS NULL	是空值	a IS NULL
BETWEEN AND	在a和b之间	BETWEEN a AND b

【例4.37】运用“< >”和“!=”运算符判断学生成绩表中的软件项目管理 K0006I字段，其中不为空的值是否不等于 88。

```
SELECT K0006I,K0006I< >88,K0006I!=88
FROM student_score
WHERE K0006I IS NOT NULL;
```

运行结果如图4-39所示。

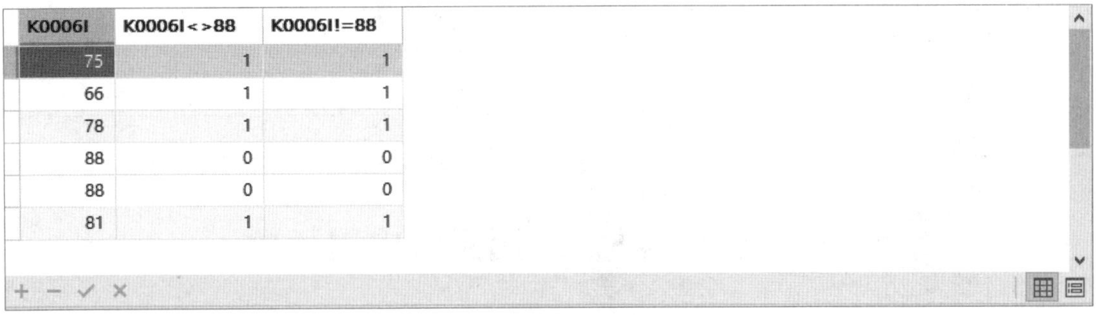

K0006I	K0006I< >88	K0006I!=88
75	1	1
66	1	1
78	1	1
88	0	0
88	0	0
81	1	1

图 4-39　比较运算符运算结果

4.4.3　逻辑运算符

逻辑运算符称为布尔运算符，用来判断表达式的真假。逻辑运算符的返回结果只有1和0。MySQL 中支持4种逻辑运算符，分别是与、或、非和异或，见表4-5。

表4-5　逻辑运算符

运 算 符	作　用	示　例
&& 或 AND	逻辑与	a && b 或 a AND b
|| 或 OR	逻辑或	a || b 或 a OR b
! 或 NOT	逻辑非	a ! b 或 a NOT b
XOR	逻辑异或	a XOR b

4.4.4　位运算符

位运算符与二进制数有着密不可分的关系。位运算在计算时，会先将操作数转换成二进制数，然后进行位运算，最后再将计算结果从二进制数转换为十进制数。在MySQL中有6种位运算符，分别是按位与、接位或、接位取反、接位异或、按位左移和按位右移，见表4-6。

表 4-6　位运算符

运算符	作用	示例
&	按位与	a & b
|	按位或	a | b
~	按位取反	a ~ b
^	按位异或	a ^ b
<<	按位左移	a << b
>>	按位右移	a >> b

4.4.5 运算符的优先级

运算符的优先级决定了不同的运算符在表达式中计算的先后顺序，见表4-7。

表 4-7　运算符的优先级

运算符	优先级	运算符	优先级
~（按位取反）、+（正）、-（负）、	1	IN、IS、LIKE、RLIKE、REGEXP、BETWEEN、EXISIS	6
*（乘）、/（除）、%（求余）	2	=、>、<、>=、<=、<>、!=、!>、!<	7
+（加）、-（减）	3	not、and、&&、xor、or	8
<<（按位左移）、>>（按位右移）	4	=（赋值）	9
&（按位与）、|（按位或）	5		

任务 4.5　使用系统内置函数

MySQL 的内置函数非常丰富，涵盖了字符串处理、日期和时间操作、数学计算、聚合统计、流程控制以及信息获取等多个方面。不同类别的函数都可以和SELECT语句联合使用，它们能够极大地提高数据处理的效率和灵活性。

4.5.1 字符串函数

字符串函数只可以对字符型数据使用，通过使用字符串函数，可以给用户返回需要的字符串。表4-8列出了常用的字符串函数。

表 4-8　常用的字符串函数

序号	函数	作用
1	ASCII(char)	返回字符的 ASCII 码值
2	length(s)	返回字符串s的长度
3	char_length(s)	返回字符串s的字符数
4	concat(s1,s2…)	将字符串s1、s2等多个字符串合并为一个字符串
5	concat_ws(sep,s1,s2…)	将字符串s1、s2等连接成字符串，并用 sep 字符间隔
6	insert(s1,x,len,s2)	将字符串s2替换s1，从x位置开始长度为len的字符串

续表

序　号	函　数	作　用
7	upper(s)	将字符串s中所有字符转换为大写
8	lower(s)	将字符串s中所有字符转换为小写
9	left(s,n)	返回字符串s中最前的n个字符
10	right(s,n)	返回字符串s中最后的n个字符
11	lpad(s1,len,s2)	用字符串 s2对s1进行左边填补len个字符长度
12	rpad(s1,len,s2)	用字符串 s2对s1进行右边填补len个字符长度
13	trim(s)	去除字符串s首部和尾部的所有空格
14	ltrim(s)	去除字符串s中开头的空格
15	rtrim(s)	去除字符串s中尾部的空格
16	repeat(s,n)	返回字符串s重复n次的结果
17	replace(s,s1,s2)	用字符串 s2 替换字符串s中所有出现的字符串s2
18	strcmp(s1,s2)	比较字符串s1和s2
19	substring(s,n,len)	返回字符串s的n位置起len个字符长度的字符串
20	position(s1,s)	返回字符串 s1 在字符串s中第一次出现的位置
21	instr(s,s1)	从字符串s中获取s1的开始位置
22	reverse(s)	返回颠倒字符串s的结果
23	field(s,s1,s2,···)	返回第一个与字符串s匹配的字符串的位置
24	find_in_set(s1,s2)	返回在字符串 s2 中与 s1 匹配的字符串的位置

下面对表4-8中部分字符串函数进行讲解。

1. concat() 和 concat_ws() 函数

【例4.38】运用concat(s1,s2···) 和 concat_ws(sep,s1,s2···) 函数将多个字符串合并成一个字符串。但 concat_ws(sep,s1,s2···) 第一个参数 sep 是其他参数的分隔符，分隔符的位置放在要连接的两个字符串之间。

```
SELECT  concat('Welcome', 'you') AS 合并,
concat_ws('*', 'Welcome', 'you', '!') AS 合并并分隔;
```

运行结果如图4-40所示。

图 4-40　concat() 和 concat_ws() 函数应用结果

2. left(s,n) 和 right(s,n) 函数

【例4.39】运用left(s,n) 函数返回字符串s的最前n个字符；right(s,n) 函数返回字符串s的最后n个字符。

```
SELECT  'This is MySQL' AS 字符串,
```

```
left('This is mySQL',4) AS 前4个字符,
right('This is MySQL',5)  as 后5个字符;
```

运行结果如图4-41所示。

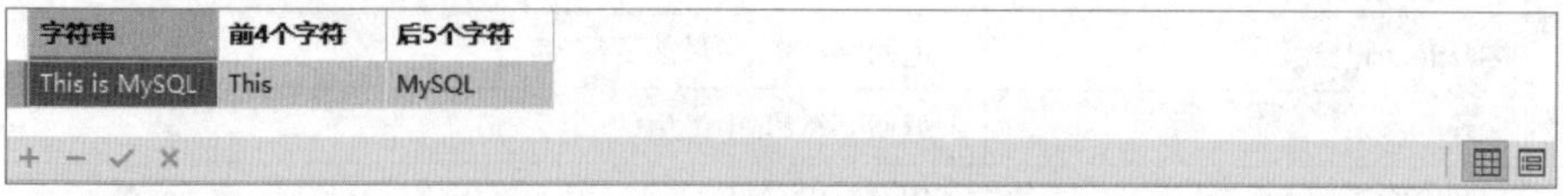

图 4-41　left() 和 right() 函数应用结果

3. replace() 函数

【例4.40】运用replace(s,s1,s2)函数将字符串s2替换s中所有出现的字符串s1，最后返回替换后的字符串。

```
SELECT  'This is MySQL' AS 字符串,
replace('this is mysql','s','h') as 替换后;
```

运行结果如图4-42所示。

图 4-42　replace() 函数应用结果

4.5.2　日期函数

日期和时间函数用于处理日期和时间的值。日期函数帮助获取当前的日期和时间、格式化日期和时间值、计算日期之间的差异，以及执行其他与日期和时间相关的操作。表4-9列出了部分常用的日期函数。

表4-9　部分常用的日期函数

序　号	函　数	作　用
1	curdate()或currrent_date()	返回当前的日期
2	curtime() 或 currrent_time()	返回当前的时间
3	now()	返回当前日期和时间
4	dayofyear(d)	返回d是一年的第几天，范围是1~366
5	quarter(d)	返回d在一年中的季度，范围是1~4
6	dayofmonth(d)	返回d是一个月的第几天，范围是1~31
7	dayofweek(d)	返回d是一星期中的第几天，范围是1~7
8	year(d)	返回日期d的年份，范围是1000~9999
9	month(d)	返回日期d的月份值，范围是1~12
10	week(d)	返回日期d为一年中的第几周，范围是0~53
11	hour(t)	返回t的小时值，范围是0~23
12	minute(t)	返回t的分钟值，范围是0~59

续表

序　号	函　数	作　用
13	second(t)	返回t的秒值，范围是0~59
14	monthname(d)	返回d的月份名
15	dayname(d)	返回d的星期名
16	date_add(d,interval intkeyword)	返回日期d加上间隔时间int的结果
17	date_sub(d, interval intkeyword)	返回日期d减去间隔时间int的结果
18	date_from(d,fmt)	依照指定的fmt格式，格式化日期d值
19	time_format(t,fmt)	依照指定的fmt格式化时间t值
20	extract(keyword from d)	从日期d中获取指定的值，keyword 指定返回的值
21	period_add(d,mon)	返回日期d增加mon月份的结果
22	period_diff(d1,d2)	返回日期d1和d2相差的月份
23	sec_to_time(x)	把秒值x转换为易读的时间值
24	time_to_sec(t)	将时间t转化为秒数
25	to_days(d)	返回0到日期d的天数
26	from_days(x)	计算从0000年1月1 日开始x天后的日期

下面分别对表4-9中的部分字符串函数进行讲解。

1. now() 函数

【例4.41】使用now( )函数获取当前的日期和时间，返回格式是yyyymmdd-hhmmss或者yyyy-mm-dd hh:mm:ss。

```
SELECT now() AS 当前日期和时间;
```

运行结果如图4-43所示。

当前日期和时间
2024-07-25 10:22:45

图 4-43　now() 函数应用结果

2. dayofweek(d)、dayofmonth(d) 和 dayofyear(d) 函数

【例4.42】运用dayofweek(d)、dayofmonth(d)和dayofyear(d) 函数分别返回2024-06-20这一天在一星期、一个月及一年中的序数。

```
SELECT dayofweek('2024-06-20') AS 一星期中的第几天,
dayofmonth('2024-06-20') AS 一个月的第几天,
dayofyear('2024-06-20') AS 一年的第几天;
```

执行结果如图4-44所示。

一星期中的第几天	一个月的第几天	一年的第几天
5	20	172

图 4-44　日期函数应用结果

3. hour(t)、minute(t) 和 second(t) 函数

【例4.43】运用 hour(t)、minute(t) 和 second(t) 函数分别返回时间值的小时、分钟和秒部分，每个函数带有一个参数，参数要求符合时间格式。

```
SELECT hour('10:39:56') AS 小时值,
minute('10:39:56') AS 分钟值,
second('10:39:56') AS 秒值;
```

运行结果如图4-45所示。

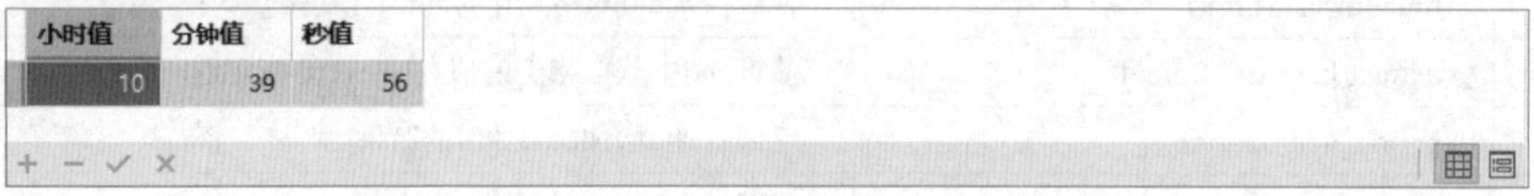

图 4-45　时间函数应用结果

4 datediff() 函数

【例4.44】运用 datediff(d1,d2) 获取d1和d2两个日期之间的相隔天数。

```
SELECT datediff('2024-3-28','2024-3-08') AS 相隔天数;
```

运行结果如图4-46所示。

图 4-46　datediff() 函数应用结果

4.5.3　数学函数

数学函数用于简单的数学运算，这些函数包括求绝对值、平方根、四舍五入、取整、随机数生成等。表4-10列出了部分常用的数学函数。

表4-10　部分常用的数学函数

序　号	函　数	作　用
1	abs(x)	返回x的绝对值
2	ceiling(x)	返回大于或等于x的最小整数
3	floor(x)	返回小于或等于x的最大整数
4	greatest(x1,x2,…, xn)	返回集合中最大的值
5	least(x1,x2,…, xn)	返回集合中最小的值
6	ln(x)	求x的自然对数
7	log(x,y)	求以y为底x的对数
8	mod(x,y)	求x/y的模（余数）
9	pi()	求PI的值（圆周率）
10	rand()	返回0～1之间的随机值
11	rand(x)	返回0～1之间的随机值，x值相同时返回的值相同

续表

序　号	函　数	作　用
12	round(x)	求参数x的四舍五入的值
13	truncate(x,y)	求数字x截断尾y位小数的结果
14	sign(x)	返回x的符号，x是负数、0、正数分别返回-1、0和1
15	pow(x,y) 或 power(x,y)	求x的y次幂（xy）
16	exp(x)	返回e的x次方（ex）
17	sqrt(x)	返回x的平方根
18	degrees(x)	将弧度x转换为角度
19	radians(x)	将角度x转换为弧度
20	cos(x)	返回余弧值
21	cot(x)	返回余切值
22	sin(x)	返回正弦值
23	tan	返回正切值
24	acos(x)	返回x（弧度）的反余弧值
25	asin(x)	返回x（弧度）的反正弧值

下面分别对表4-10中的部分数学函数进行讲解。

1. abs(x) 函数

【例4.45】运用abs(x) 函数获得 x 的绝对值。

```
SELECT  abs(-152), abs(-4.22);
```

运行结果如图4-47所示。

图 4-47　abs() 函数应用结果

2. greatest() 和 least() 函数

【例4.46】运用 greatest() 和 least() 函数获得一组数中的最大值和最小值。

```
SELECT  greatest(46,18,5,63),least(9,55,32,20);
```

运行结果如图4-48所示。

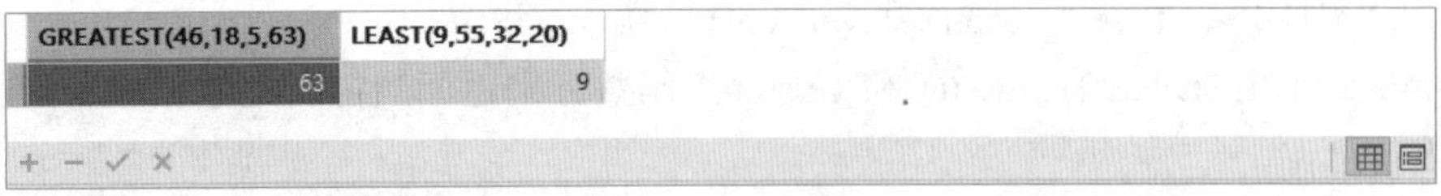

图 4-48　greatest() 和 least() 函数应用结果

3. rand() 和 rand(x) 函数

【例4.47】运用rand() 函数返回0~1的随机数。rand()返回的数是完全随机的，但是当rand(x)

函数的x相同时返回的值是相同的。

```
SELECT  rand(),rand(5),rand(5),rand(7);
```

运行结果如图4-49所示。

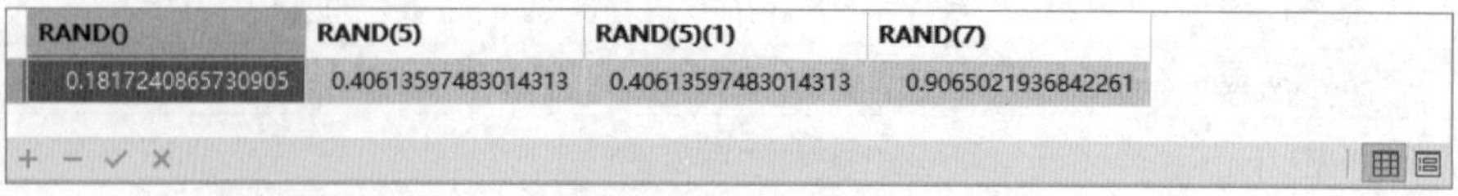

图 4-49　rand() 函数应用结果

4. sqrt(x) 和 mod(x,y) 函数

【例4.48】运用sqrt(x)函数求平方根，运用mod(x,y)函数求余数。

```
SELECT  sqrt(81), sqrt(6),mod(24,5);
```

运行结果如图4-50所示。

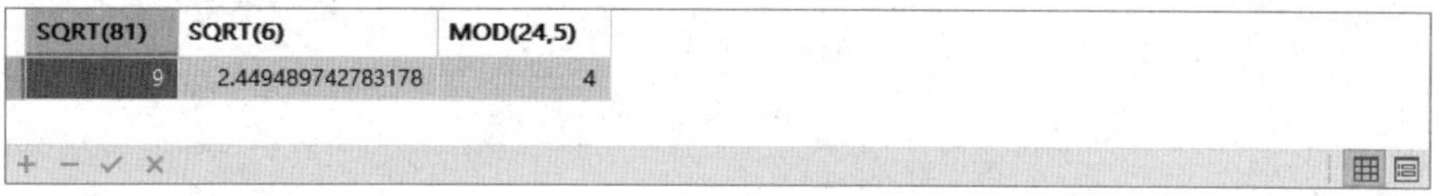

图 4-50　sqrt() 和 mod() 函数应用结果

4.5.4　系统函数

在MySQL中并没有一个严格的“系统函数”分类，但可以将那些用于获取系统信息、处理日期时间、进行数据加密等操作的函数归类为系统级或系统相关的函数。表4-11列出了部分常用的系统函数。

表4-11　部分常用的系统函数

序　号	函　数	作　用
1	database() 或者 schema()	返回当前的数据库名
2	connection_id()	获取服务器的连接数
3	user()、system_user()、session_user	返回当前登录用户名
4	charset(str)	获取字符串str的字符集
5	version()	获取数据库的版本号
6	last_insert_id()	获取最近生成的auto_increment值
7	collation(str)	获取字符串str的字符排列方式

下面对表4-11中database()、user() 和 version() 函数进行讲解。

【例4.49】运用 database()、user() 和 version() 函数分别返回当前所选数据库、当前用户和mysql 版本信息。

```
SELECT  database(),user(),version();
```

运行结果如图4-51所示。

图 4-51　部分系统函数应用结果

4.5.5　其他函数

MySQL 中除了上述内置函数以外，还包含很多函数，如格式化函数、对数据进行加密的函数等。表4-12列出了一些其他函数。

表 4-12　其他函数

序　号	函　数	作　用
1	format(x,y)	把数值格式化，参数x是格式化的数据，y是结果的小数位数
2	date_format(d,fmt)	格式化日期
3	time_format(t,fmt)	格式化时间
4	inet_aton(ip)	可以将IP地址转换为数字表示
5	inet_ntoa(n)	可以将数字n转换成IP的形式
6	password(str)	对字符串str进行加密，加密后数据不可逆
7	md5(str)	对字符串str进行加密，用于对普通数据进行加密
8	cast(x as type)	将x变成type类型
9	convert(s using cs)	将字符串s的字符集变成cs

项目 4 实训：对数据库 major 表进行查询

1. 实训目的

①掌握SELECT语句的基本用法。

②掌握条件查询的基本用法。

③掌握查询排序、分组基本用法。

④掌握多表连接、子查询的基本用法。

⑤掌握 MySQL 运算符的功能及使用方法。

⑥掌握系统内置函数的功能及使用方法。

2. 实训内容

对数据库major 表进行以下查询：

（1）SELECT语句的基本使用

①查询学号、专业编号、学历和院系编号。

②查询学号、专业编号、学历和院系编号，并使用别名。

（2）条件查询

①查询院系编号（department_id）是121的所有信息。

②使用IN关键字查询院系编号（department_id）是123或132的所有信息。

③查询专业名称（major_name）包含“工程”的所有信息。

（3）查询排序

①查询所有信息，并按照院系编号（department_id）从高到低排序。

②查询所有信息，只显示从第2条记录开始的5条记录。

（4）分组查询

查询所有信息，按照院系编号（department_id）分组并查询每组数量。

（5）子查询

①查询院系编号高于“交通运输”的所有信息，并按照院系编号升序排序。

②查询院系编号高于“艺术设计学”或“车辆工程”的所有信息。

（6）运算符的使用

①使用算术运算符“+、-、*、/”计算 major 表院系编号（department_id）一列的数据。

②使用比较运算符“>”查询 major 表中，院系编号（department_id）大于“123”的数据。

（7）系统内置函数

①使用 right() 函数返回从字符串"I like MySQL"右边开始的 5 个字符。

②使用 concat() 函数连接两个字符串。

3. 实训小结

本实训最核心的内容是数据库的查询，涉及的知识点较多，包括查询语言、排序、子查询等，可以帮助读者高效地检索、分析和操作存储在数据库中的大量数据。查询的方法也可以有多个，读者要多加练习，灵活运用。

项目小结

本项目主要讲解数据库的查询，旨在实现高效、准确的数据检索与管理功能。本项目从 5 个方面逐步开始介绍，包括单表查询、多表连接查询、子查询操作、MySQL 运算符和内置函数等，可以更好地帮助读者在不同情景下，对数据库中的数据进行精准、快速、高效地检索。

课后习题

一、选择题

1.下列（　　）函数可以计算出数据的最大值。

A. sum　　B. max

C. min　　D. avg

2.下列设置的查询“数量”在500元到1 000之间的准则，正确的是（　　）。

A. >=500 OR <=1000　　B. 500 AND 1000

C. BETWEEN 500 AND 1000　　D. BETWEEN >=500 AND 1000

3. SELECT语句中与having子句同时使用的是（　　）子句。

A. ORDER BY　　B. WHERE

C. GROUP BY　　D. 无须配合

4.下面（　　）是逻辑运算符与的操作。

A. &　　B.|

C. &&　　D.||

5.下面函数可以去除字符串开头的空格的是（　　）。

A. ltrim()　　B. password()

C. cast()　　D. encode()

6.下列（　　）函数是用来返回0到1之间的随机值的。

A. rand()　　B. replace()

C. round()　　D. insert()

7. 在SELECT语句中使用CEILING（属性名）时，属性名（　　）。

A. 必须是数值型　　B. 必须是字符型

C.必须是数值型或字符型　　D. 不限制数据类型

8.要消除返回结果集中的重复记录，应使用（　　）关键字。

A. top　　B. distinct

C. count　　D. desc

9.已知变量a="大家都知道点头 yes 摇头 no"，下列截取"yes"的操作正确的语法是（　　）。

A. right(left(a,21),4)　　B. left(right(a,12),3)

C. right(left(a,12),3)　　D. substring(a,19,3)

10.语句"select 99%66;"的计算结果是（　　）。

A. 1　　B. 33

C. 66　　D. 99

二、填空题

1.使用____________子句进行排序，升序是____________、降序是____________。

2.使用____________子句进行分组查询。

3.使用____________函数，获取当前的MySQL数据库的版本。

4.使用____________函数，将所有字符转换为大写。

5.要计算当前日期是本月的第几天，可以使用____________函数。

三、操作题

对数据库 teacher 表进行以下查询：

1.查询全体教师的教职工编号、姓名和年龄。

2.查询职务（post_id）是专职教师的教职工编号、姓名和性别。

3.查询评教分数高于90分的教师的教职工编号、姓名和分数。

4.查询职务（post_id）是专职教师和教研室主任的教职工编号、姓名和职务。

5.查询评教分数在95～100之间的教师的教职工编号、姓名及评教分数。

6.查询所有姓张的教师的教职工编号和姓名。

7.查询姓名中带有"一"的教职工编号和姓名。

8.查询教职工基本信息，并按评教分数降序排列。

9.查询教师的教职工编号、姓名、年龄及评教成绩，查询结果按年龄升序排列，年龄相同再按分数降序排列。

10.查询教师的教职工编号、姓名和评教分数，显示分数前3名的教师。

11.查询所有老师的总数，评教分数最大值、最小值和平均值。

12.查询教师基本信息，统计不同职务的教师数量，以及他们评教分数的平均数。

13.查询职务信息，统计不同职务老师的个数和名称。

14.查询与“张乐伊”教师职务相同的教职工编号、姓名和职务。

15.查询职务（post_id）是专职教师且评教分数大于等于90分的教职工编号、姓名、职务和评教分数。

16.查询职务（post_id）是专职教师或教研室主任，且评教分数大于90的教职工编号、姓名、职务和评教分数。

17.使用算术运算符对评教分数字段值进行加、减、乘、除运算。

18.将字符串“miss you very much”中的所有的“u”替换为“y”，并返回替换后的结果。

19.获取当前的日期和时间。

20.运用数学函数，计算83并返回计算结果。

项目 5
索引和视图

学习目标

◎知识目标

• 理解索引的功能及其利弊。

• 掌握创建索引的多种方法。

• 理解视图的基本概念。

• 熟练掌握创建和管理视图的方法。

◎能力目标

• 具备利用索引提高数据库性能的能力。

• 掌握可操作视图的要点并能通过视图操作基本表数据。

◎素质目标

• 具有创新能力：探索新技术、新方法，在数据库索引和视图创建管理过程中勇于创新，提升解决复杂问题的能力。

• 提升综合素质：通过课程学习、实践练习等方式，全面提升综合素质，包括沟通能力、团队协作能力、组织协调能力等。

项目简介

通过学习掌握索引的定义、作用及其在数据库性能优化中的重要性，了解索引如何帮助数据库快速定位数据。掌握 MySQL 支持的索引类型，包括普通索引、唯一索引、主键索引、组合索引、全文索引等。理解每种索引类型的适用场景和特性，能够识别和分析慢查询，通过添加或调整索引来优化查询性能。了解索引覆盖扫描、最左前缀原则等索引优化技巧。

通过学习掌握视图的定义、作用及其在数据库设计中的重要性，了解视图如何作为虚拟表存在，以及如何通过查询定义访问数据。能够将复杂的查询逻辑封装成视图，以便在多个地方重复使用。利用视图隐藏表结构的复杂性，提供统一的数据接口。分析视图对查询性能的影响，包括视图解析和视图查询的性能开销。学习如何优化视图查询，以减少性能瓶颈。

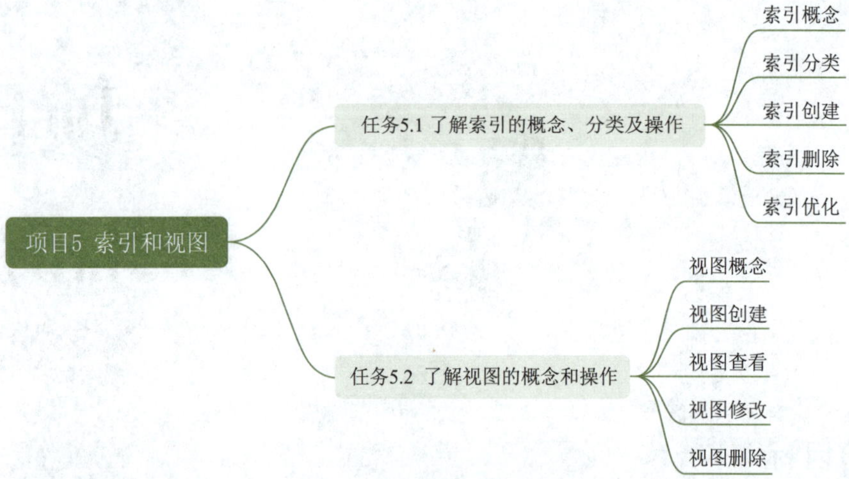

任务5.1　了解索引的概念、分类及操作

当数据库中出现访问表的SQL无索引时会导致全表扫描。如果表的数据量很大，扫描大量的数据，则应用请求变慢，占用数据库连接，导致连接堆积，很快达到数据库的最大连接数设置，新的应用请求将会被拒绝，导致故障发生。

5.1.1　索引的概念

索引（index）是数据库中用于帮助快速查找数据的一种数据结构。它相当于书籍的目录，通过索引可以大幅提高数据库表中数据的检索速度，同时也可优化数据的查询性能。索引可以创建在数据库表的一个或多个列上，这些列称为索引键（index key）。

5.1.2　索引的分类

1. 普通索引（INDEX）

这是最基本的索引类型，没有唯一性之类的限制。创建普通索引的关键字是index。

2. 唯一性索引（UNIQUE）

这种索引和前面的普通索引基本相同，但有一个区别：索引列的所有值都只能出现一次，即必须是唯一的。创建唯一性索引的关键字是UNIQUE。

3. 主键（PRIMARY KEY）

主键是一种唯一性索引，它必须指定为PRIMARY KEY。主键一般在创建表的时候指定，也可以通过修改表的方式加入主键，但是每个表只能有一个主键。

4. 全文索引（FULLTEXT）

MySQL支持全文检索和全文索引。全文索引的索引类型为FULLTEXT。全文索引只能在VARCHAR或TEXT类型的列上创建，并且只能在MyISAM表中创建。

每种索引都有其特定的使用场景和优势。了解不同类型的索引及其特点对于优化数据库性能至关重要。在实际应用中，应根据具体的数据特征、查询需求和存储引擎来选择合适的索引类型和索引策略。

5.1.3　索引的创建

在MySQL中，索引的创建是数据库优化和性能提升的重要手段。索引的创建可以通过多种方式实现，主要包括在创建表时直接指定索引、使用CREATE INDEX语句为已存在的表添加索引，以及通过修改表结构的方式添加索引。

1. 索引创建的原则

①选择性高的字段。索引的选择性是指索引列中不同值的数量与表中记录数的比值。选择性越高，查询效率越高。

②经常作为查询条件的字段。如果某个字段经常出现在查询条件中，特别是作为WHERE子句的条件，应该考虑为其创建索引。

③经常需要排序的字段。如果某个字段经常需要进行排序操作（如使用ORDER BY子句），应该考虑为其创建索引。

④经常需要连接的字段。在表的连接操作中，如果某个字段经常作为连接条件，应该考虑为其创建索引。

⑤避免过多索引。虽然索引可以提高查询效率，但过多的索引会占用大量的磁盘空间，并且会降低写操作的性能（因为每次写操作都需要更新索引）。因此，需要根据实际情况合理创建索引。

2. 在创建表时直接指定索引

在创建表时，可以直接在表的定义中指定索引。这种方式适用于新表的创建，可以在表结构设计阶段就考虑好索引的需求。

```
CREATE TABLE 表名 (
    字段1 数据类型 [完整性约束条件],
    字段2 数据类型 [完整性约束条件],
    ...
    [UNIQUE|FULLTEXT|SPATIAL] INDEX|KEY 索引名 (字段名[(长度)]) [ASC|DESC],
    ...
);
```

①UNIQUE：表示唯一索引，索引列的值必须唯一，但可以有NULL值。

②FULLTEXT：表示全文索引，适用于文本内容的搜索。

③SPATIAL：表示空间索引，用于地理空间数据类型。

④INDEX|KEY：二者选一即可，用于定义索引。

⑤索引名：创建的索引的名称。

⑥字段名[(长度)]：指定索引对应的字段名称和可选的长度（对于某些类型的索引和字段类型，长度是可选的）。

⑦ASC|DESC：表示索引的排序方式，默认为ASC（升序）。

3. 为已存在的表添加索引

如果表已经存在，但之前没有创建索引，可以使用CREATE INDEX语句为表中的一个或多个列添加索引。

```
CREATE [UNIQUE|FULLTEXT|SPATIAL] INDEX 索引名 ON 表名 (字段名1[(长度1)]
```

```
[ASC|DESC], [字段名2[(长度2)][ASC|DESC],...]);
```

参数与在创建表时直接指定索引的参数类似，但这里是针对已存在的表进行操作。

4. 通过修改表结构的方式添加索引

除了上述两种方式外，还可以通过修改表结构的方式来添加索引。这种方式适用于需要向已存在的表中添加索引，但又不想重新创建表的情况。

```
ALTER TABLE 表名
ADD [UNIQUE|FULLTEXT|SPATIAL] INDEX 索引名 (字段名1[(长度1)][ASC|DESC],[字段名2[(长度2)][ASC|DESC],...]);
```

参数与上述两种方式类似，但这里使用的是ALTER TABLE语句来修改表结构。

在创建索引时，需要根据实际情况选择合适的索引类型和创建方式，并遵循一定的原则来确保索引的有效性和高效性。

5.1.4 索引的删除

索引的删除是数据库管理中常见的操作之一，旨在优化数据库性能或调整数据库结构。

1. 删除索引的注意事项

①确保索引不再被使用：在删除索引之前，需要确保该索引不再被查询或其他操作使用。可以通过查看查询计划或使用EXPLAIN语句来确认索引是否还被使用。

②谨慎选择要删除的索引：确保要删除的索引是不再需要的或者存在更好的索引替代方案。删除一个重要的索引可能会导致查询性能下降。

③避免在繁忙时段删除索引：尽量在数据库负载较低的时候删除索引，避免对数据库性能产生影响。

④注意索引依赖关系：如果要删除的索引是其他索引的依赖项，需要先删除被依赖的索引，再删除当前索引。不过，这种情况并不常见，因为索引之间通常不存在直接的依赖关系。

⑤确保对数据库进行备份：在删除索引之前，最好先对数据库进行备份，以防意外情况发生。

2. 删除索引

在大多数数据库系统中，可以使用DROP INDEX语句来删除索引。基本语法如下：

```
DROP INDEX 索引名 ON 表名;
```

也可以使用ALTER TABLE语句删除索引：

```
ALTER TABLE 表名 DROP INDEX 索引名;
```

为确定该索引已被删除，用户可以再次应用 SHOW CREATE TABLE 语句查看数据表结果。

索引的删除是数据库维护中的一个重要环节，它可以帮助优化数据库性能并减少不必要的资源消耗。然而，在删除索引之前，需要仔细考虑其可能带来的影响，并确保操作的安全性。通过遵循上述方法和注意事项，可以更加有效地管理数据库中的索引。

5.1.5 索引的优化

索引优化是数据库管理中提高查询性能的重要手段，其中索引覆盖扫描和最左前缀原则是两种常用的优化技巧。

1. 索引覆盖扫描

索引覆盖扫描是一种数据库查询优化技术，它允许数据库仅通过索引来获取查询所需的所有数据，而无须访问数据表中的实际行。这种技术可以显著提高查询性能，因为索引通常比数据行的存储结构更为紧凑，且索引的读取速度更快。

①查询中SELECT子句所需的所有列都必须是索引的一部分，或者与索引中的某些列相关联。

②查询的WHERE子句或JOIN子句中的条件能够利用索引进行快速过滤。

【例5.1】对student的表进行操作，包含id、name、age和year等列。如果经常需要查询特定年龄的用户及其姓名和入学年份，则可以创建一个包含age、name和year列的复合索引。执行

```
SELECT name, year FROM student WHERE age=30
```

查询时，数据库就可以通过索引覆盖扫描来获取所需数据，而无须访问student表。

2. 最左前缀原则

最左前缀原则是指在使用复合索引时，查询条件必须包含索引中的最左列（或最左几列），才能有效利用索引进行快速查询。如果查询条件跳过了索引中的某些列，则这些列之后的索引部分将无法被利用，导致索引失效或部分失效。

【例5.2】老师通知学生表teacher_student_notice，包含message_title、message_detail、publisher_id和time等列，并且创建了一个包含message_title、message_detail、publisher_id和time的复合索引。根据最左前缀原则，以下查询将能够利用该索引进行快速过滤：

```
SELECT * FROM teacher_student_notice WHERE publisher_id= 123（仅包含最左列）
SELECT * FROM teacher_student_notice WHERE publisher_id= 123 AND time =
'2023-01-01'（包含最左两列）
```

但是，以下查询将无法利用该索引进行快速过滤，因为跳过了索引中publisher_id列：

```
SELECT * FROM teacher_student_notice WHERE time='2023-01-01'（跳过了最左列）
```

综上所述，索引覆盖扫描和最左前缀原则是数据库索引优化中非常重要的技巧。通过合理使用这些技巧，可以显著提高数据库的查询性能并降低维护成本。在实际应用中，应根据具体的查询需求和数据模式选择合适的索引策略。

任务5.2　了解视图的概念和操作

5.2.1　初识视图

1. 视图的概念

视图（view）是一个虚拟表，其内容由查询定义。同真实的表一样，视图包含一系列带有名称的列和行数据。但是，视图并不在数据库中以存储的数据集形式存在；行和列数据来自由定义视图的查询所引用的表，并且在引用视图时动态生成。

2. 视图的用途

①简化复杂查询：通过将复杂的查询逻辑封装到视图中，可以简化应用程序中的查询操作。

②数据安全性：视图可以限制用户对底层表的访问权限，从而提供更高的数据安全性和隐私保护。

③数据抽象和封装：通过视图，可以将多个表的数据抽象为一个虚拟表，简化数据模型和应用程序开发。

④性能优化：视图可以预先计算和存储结果集，以提高查询性能，并避免重复执行复杂查询。

3. 视图的优缺点

（1）优点

①数据的抽象和简化：视图是一个虚拟表，它可以根据特定的查询语句从一个或多个表中选择、过滤和计算数据。通过使用视图，可以将复杂的查询逻辑和多表连接操作封装为一个简化的视图查询，提供更简洁、更易于理解的数据模型。

②数据安全性：视图可以限制用户对底层表的访问权限。通过给用户授予对视图的访问权限，可以隐藏底层表的结构和敏感数据，只允许用户在特定条件下查看和操作数据。这为数据库提供了更高的安全性和数据保护。

③逻辑数据分离和模块化：通过视图，可以将数据逻辑分离为不同的模块。这使得数据库的维护和管理更加灵活，可以根据需要对各个模块进行独立的修改和优化，而无须影响其他模块。

④提高查询性能：视图可以预先计算和存储查询结果，从而提高查询性能。当使用视图进行查询时，MySQL可以利用预先计算的结果，而不需要重新执行复杂的查询操作。这对于频繁执行相同查询的场景非常有用。

⑤简化应用开发：通过将复杂的查询逻辑封装为视图，应用程序开发人员可以更快速、更轻松地构建应用程序。他们只需要简单地查询视图，而无须关心视图背后的复杂查询逻辑和表结构。

（2）缺点

①性能影响：视图查询可能在执行时产生额外的性能开销。因为视图是根据查询语句动态生成的，每次查询时都需要重新计算视图的结果。对于复杂的视图和大型数据集，可能会导致查询较慢，影响数据库性能。

②更新限制：默认情况下，MySQL不允许对包含特定条件的视图进行更新操作。这些条件包括使用UNION等集合操作符的视图、GROUP BY子句的视图（如AVG、SUM或者MAX等聚合函数的视图和 HAVING等的视图）。因此，如果使用的视图有这些限制条件，将无法对其进行直接插入、更新或删除操作。

③数据一致性：视图查询的结果是根据底层表的数据动态生成的，而不是存储实际的数据副本。这意味着如果底层表的数据发生了变化，但视图查询结果没有及时更新，可能会导致数据一致性问题。

④限制和复杂性：视图的使用是受到一些限制的，特别是在涉及复杂的查询和多表连接时。一些复杂的查询逻辑和操作可能无法在视图中实现，这可能需要使用其他技术或重新设计查询。

⑤管理复杂性：随着数据库中视图数量的增加，管理和维护视图变得更加困难。复杂的视图层次结构和依赖关系可能会导致维护和调试问题增加。

5.2.2　创建视图

在MySQL中，创建视图是通过CREATE VIEW语句来实现的。这条语句定义了一个视图的名称以及构成这个视图的SELECT语句。视图的内容是动态的，基于其SELECT语句引用表中的数据。

```
CREATE VIEW 视图名称 AS
SELECT 列1, 列2,...
FROM 表名
WHERE 条件;
```

【例5.3】创建视图 v_student，要显示“学生姓名”“班级名”。创建一个视图，该视图只包含学生的姓名和所在班级。

视 频

例5.3

```
CREATE VIEW v_student  AS
SELECT s.name, c.name class
FROM student s,class c where s.class_id=c.id;
```

查询视图语句，

```
SELECT * FROM v_student;
```

视图查询结果如图5-1所示。

```
mysql> SELECT * FROM v_student;
+--------+------------------------------------+
| name   | class                              |
+--------+------------------------------------+
| 昌怜雪 | JavaWeb程序设计-2024级计网3、4班 |
| 范美倩 | JavaWeb程序设计-2024级计网3、4班 |
| 方惜玉 | JavaWeb程序设计-2024级计网3、4班 |
| 葛碧春 | JavaWeb程序设计-2024级计网3、4班 |
| 花白亦 | JavaWeb程序设计-2024级计网3、4班 |
| 林依波 | JavaWeb程序设计-2024级计网3、4班 |
| 马听南 | JavaWeb程序设计-2024级计网3、4班 |
| 念蕾潘 | JavaWeb程序设计-2024级计网3、4班 |
| 彭安寒 | JavaWeb程序设计-2024级计网3、4班 |
| 钱香巧 | JavaWeb程序设计-2024级计网3、4班 |
| 苏幻巧 | JavaWeb程序设计-2024级计网3、4班 |
| 韦奚郎 | JavaWeb程序设计-2024级计网3、4班 |
| 吴紫萱 | JavaWeb程序设计-2024级计网3、4班 |
| 云忆之 | JavaWeb程序设计-2024级计网3、4班 |
| 朱涵易 | JavaWeb程序设计-2024级计网3、4班 |
| 虎林   | JavaWeb程序设计-2024级计网3、4班 |
| 兰香   | JavaWeb程序设计-2024级计网3、4班 |
| 李建   | JavaWeb程序设计-2024级计网3、4班 |
| 曾楷淳 | JavaWeb程序设计-2024级计网3、4班 |
| 陈富文 | JavaWeb程序设计-2024级计网3、4班 |
| 陈观丰 | JavaWeb程序设计-2024级计网3、4班 |
| 陈俊杰 | JavaWeb程序设计-2024级计网3、4班 |
| 陈明永 | JavaWeb程序设计-2024级计网3、4班 |
| 陈思安 | JavaWeb程序设计-2024级计网3、4班 |
| 陈崧瑞 | JavaWeb程序设计-2024级计网3、4班 |
```

图 5-1　视图查询结果

5.2.3　查看视图

在MySQL中，查看视图通常意味着获取视图的定义，即创建视图时所使用的SQL语句。最常见的方法是使用SHOW CREATE VIEW语句或查询information_schema数据库中的VIEWS表。

```
SHOW CREATE VIEW 视图名;
```

另一个选项是查询information_schema数据库中的VIEWS表。information_schema是一个特殊的数据库，它包含了关于MySQL服务器中所有其他数据库的信息，包括表、列、视图等的元数据。要查询VIEWS表以获取特定视图的定义。

```
SELECT TABLE_SCHEMA, TABLE_NAME, VIEW_DEFINITION
FROM information_schema.VIEWS
WHERE TABLE_NAME='v_student'
AND TABLE_SCHEMA='你的数据库名';
```

此外，还可以使用 DESCRIBE 语句查看视图的结构定义。

```
DESCRIBE 视图名;
```

5.2.4 视图的修改

使用ALERT语句可以对已有视图的定义进行修改。

```
ALTER VIEW 视图名 [(列名列表)] AS SELECT语句
    [WITH [CASCADED | LOCAL] CHECK OPTION]
```

【例5.4】将v_student视图修改为包含学生姓名、班级和年龄的视图。

```
ALTER VIEW v_student AS
SELECT s.name,s.age, c.name class
    FROM student s,class c WHERE s.class_id=c.id;
```

执行代码后，使用查看视图语句。

```
DESCRIBE v_student;
```

视图修改结果如图5-2所示。

视频

例5.4

```
mysql> DESCRIBE v_student;
+-------+--------------+------+-----+---------+-------+
| Field | Type         | Null | Key | Default | Extra |
+-------+--------------+------+-----+---------+-------+
| name  | varchar(20)  | YES  |     | NULL    |       |
| age   | varchar(255) | YES  |     | NULL    |       |
| class | varchar(40)  | YES  |     | NULL    |       |
+-------+--------------+------+-----+---------+-------+
3 rows in set (0.00 sec)
```

图 5-2 视图修改结果

5.2.5 视图的删除

在MySQL中，删除视图是通过DROP VIEW语句来实现的。这条语句允许删除一个或多个视图。如果尝试删除一个不存在的视图，MySQL将返回一个错误，除非使用了IF EXISTS子句来避免这种情况。语法格式如下：

```
DROP VIEW [IF EXISTS] view_name_list [RESTRICT | CASCADE];
```

要删除一个特定的视图，语法如下：

```
DROP VIEW 视图名;
```

如果视图存在，这条语句将删除它。如果视图不存在，MySQL将返回一个错误。也可以在一条DROP VIEW语句中删除多个视图，通过在视图名之间使用逗号进行分隔。

```
DROP VIEW 视图名1, 视图名2,...;
```

为了避免在视图不存在时不报错，可以使用IF EXISTS子句。这样，如果视图不存在，MySQL将不会执行删除操作，也不会返回错误。

```
DROP VIEW IF EXISTS 视图名;
DROP VIEW IF EXISTS 视图名1, 视图名2,...;
```

项目 5 实训：索引和视图的管理

1. 实训目的

①掌握索引的管理。

②掌握视图的管理。

2. 实训内容

对数据库进行以下操作：

①在数据库中对老师通知学生表创建索引index_notice，按照发布者的id的降序、发布时间time升序排列。

②设置老师通知学生表在 message_title字段创建名为 index_title的唯一索引，并且以降序的形式排列。

③创建视图v_teacher_notice，以老师通知学生表中的message_title、time字段为基础，并查看视图的定义结构。

④修改视图的定义，增加老师通知学生表中的message_detail字段，并查看视图的定义结构。

⑤将视图名称修改为v_teacher_notice_f。

⑥删除视图。

3. 实训小结

在本实训中，主要训练了索引和视图的创建、修改和删除，及其各自的功能、应用场景、创建方法，以及在实际数据库操作中的重要作用。索引可以极大地提高数据库查询速度，尤其是对于大数据量的表。但是，索引并非越多越好，过多的索引会增加写操作的负担，因为每次数据更新（INSERT、UPDATE、DELETE）时，数据库都需要同时更新索引。视图可以封装复杂的SQL查询，使得用户可以通过简单的查询语句就能获取所需的数据，而无须了解底层数据表的复杂结构和关系，但也要注意其对性能的影响。如果视图基于的查询非常复杂或涉及大量的数据，通过视图查询数据可能会比较慢。

项目小结

通过本项目的学习，学生可系统掌握数据库索引和视图的核心概念与应用场景。索引方面，通过理解其建立高效查找结构以提升查询速度的原理，学生可认识到合理设计索引需要权衡读写性能，避免过度索引带来的维护开销。视图部分，应重点掌握其作为虚拟表在简化复杂查询、数据权限控制中的作用，学习通过视图更新基表数据的条件限制，并体会视图在封装业务逻辑、提升开发效率上的优势。

在实践环节，通过SQL语句创建索引优化查询性能，使用视图整合多表数据，学生可进一步加深理论理解。同时认识到，索引优化需要结合执行计划分析，而视图的合理应用需要考虑性能影响。未来计划深入探索索引调优策略和物化视图的高级应用，以提升数据库设计能力，为后续数据库性能优化和复杂业务开发奠定坚实基础。

课后习题

一、选择题

1.关于索引，以下（　　）说法是正确的。

A. 索引可以加快数据的插入速度

B. 索引可以确保数据的唯一性，但仅限于主键索引

C. 索引是通过在数据库表中创建额外的数据结构来加速查询的

D. 索引可以减少数据库的存储空间需求

2.当发现查询性能低下时，首先应该考虑采取（　　）措施来提高性能。

A. 增加更多的视图来封装复杂的查询　　B. 对查询中涉及的列创建索引

C. 减少表中的数据量　　D. 更改数据库的存储引擎

3.以下（　　）不是视图的主要优点。

A. 简化复杂的SQL查询

B. 提供数据的逻辑独立性，减少底层数据表结构变化对上层应用的影响

C. 提高数据的安全性，通过限制对特定视图的访问来控制对数据的访问

D. 减少数据库的I/O操作，因为视图直接存储数据

4.关于唯一索引，以下（　　）描述是不准确的。

A. 唯一索引可以确保表中某一列或列组合的值是唯一的

B. 唯一索引允许存在NULL值，但一个表中只能有一个NULL值作为唯一索引的一部分（除非列允许多个NULL值）

C. 唯一索引通常用于保证数据的唯一性和完整性

D. 唯一索引可以加速查询速度，但不如主键索引有效

5.在以下（　　）情况下，可能不需要为某个列创建索引。

A. 该列经常作为查询条件（WHERE子句）中的一部分

B. 该列经常参与连接（JOIN）操作

C. 该列包含大量的重复值，并且查询中很少使用到该列

D. 该列经常作为排序（ORDER BY）或分组（GROUP BY）操作的一部分

二、简答题

1.简述索引在数据库中的作用，并解释为什么索引能够加快查询速度。

2.解释什么是数据库视图，并说明视图与表的主要区别以及视图在数据库设计中的作用。

项目 6
存储过程

学习目标

◎知识目标

- 掌握创建存储过程。
- 掌握调用存储过程。
- 掌握自定义函数的编写与管理。
- 掌握存储过程的删除。

◎能力目标

- 具备创建调用管理存储过程的能力。
- 具备自定义函数编写的能力。
- 具备实现数据库编程的基本操作的能力。
- 具备优化存储过程和函数的能力。

◎素质目标

- 具有高效的问题解决能力：面对存储过程相关的技术难题时，能够迅速定位问题根源，提出并实施有效的解决方案。利用调试工具、日志分析等手段，提高问题解决的效率和准确性。
- 具有适应变化与创新能力：能够适应快速变化的技术环境和业务需求，灵活调整自己的工作方式和思路；具有创新思维和解决问题的能力，能够提出并实施新的解决方案和技术方案，以应对新的挑战和机遇。

项目简介

MySQL 存储过程（stored procedure）是数据库服务器端的预编译 SQL 代码集合，主要用于封装复杂的业务逻辑和数据库操作。存储过程是数据库管理系统中的重要对象，具有以下核心特征。预编译性：存储过程在创建时即被编译并存储在数据库中，执行时无须重新解析，效率高于单独执行 SQL 语句；代码封装：将复杂逻辑封装为可重用的模块，通过名称和参数调用，减少代码冗余；性能优化：减少网络传输量（仅传递过程名和参数而非完整 SQL 语句），且编译后的执行计划可被缓存。存储过程的引入，不仅提高了数据库操作的执行效率，还增强了数据处理的灵活性和安全性。本项目主要介绍如何定义存储过程、编写过程体、测试与调试和管理存储过程等。

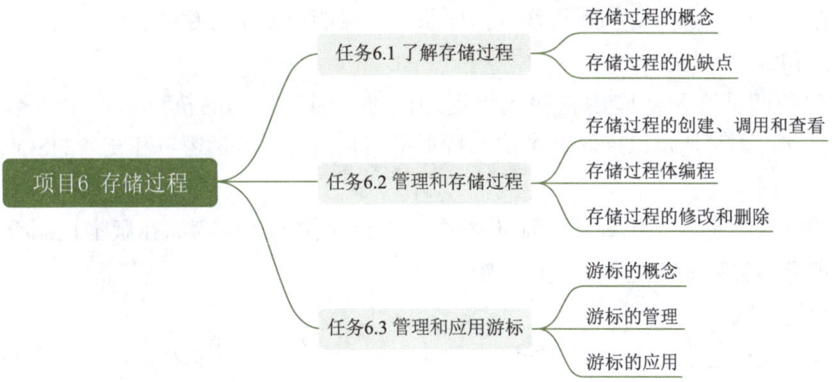

任务 6.1　了解存储过程

6.1.1　存储过程的概念

MySQL存储过程是一组为了完成特定功能的SQL语句集，它经过编译后存储在数据库中，用户通过指定存储过程的名称并给定参数（如果有）来调用执行它。存储过程可以视为数据库中的一个函数或子程序，但它比普通的SQL语句或函数更加复杂和强大。

6.1.2　存储过程的优缺点

1. 优点

（1）性能提升

存储过程在数据库服务器上预编译并存储，因此执行时无须重新解析和编译SQL语句，减少了编译时间。减少了应用程序与数据库之间的网络交互次数，因为多个操作可以在一个存储过程中完成。数据库服务器可以针对存储过程进行优化，以提高执行效率。

（2）封装性

将复杂的业务逻辑和数据操作封装在存储过程中，提高了代码的模块化和可重用性。隐藏了数据操作的细节，使得应用程序更加简洁，易于维护。

（3）安全性

通过限制对底层数据表的直接访问，降低了SQL注入等安全风险。可以实现细粒度的权限控制，只有授权的用户才能执行特定的存储过程。

（4）事务处理

存储过程可以包含多条SQL语句，这些语句可以在一个事务中执行，保证了数据的一致性和完整性。

（5）减少网络流量

由于多个操作可以在一个存储过程中完成，因此减少了应用程序和数据库服务器之间的网络传输量。

2. 缺点

（1）可移植性差

存储过程与特定的数据库管理系统（DBMS）紧密相关，不同DBMS之间的存储过程语法和功能可能存在差异。这意味着如果更换数据库系统，可能需要重写存储过程。

（2）调试和维护困难

存储过程的调试通常比应用程序代码更加困难，因为它们的执行依赖于数据库环境和状态。复杂的存储过程可能难以理解和维护，特别是当它们包含大量逻辑和复杂的SQL语句时。

（3）版本控制问题

存储过程通常存储在数据库中，而不是像应用程序代码那样存储在版本控制系统中。这使得跟踪和管理存储过程的变更历史变得困难。

（4）灵活性受限

存储过程的执行通常比应用程序代码中的动态SQL语句更加静态和固定。这可能限制了应用程序在处理复杂查询和动态数据操作方面的灵活性。

任务 6.2　管理存储过程

6.2.1　存储过程的创建、调用和查看

1. 存储过程的创建

在MySQL中，存储过程的创建是通过CREATE PROCEDURE语句来实现的。以下是创建存储过程的一般步骤和要点：

```
CREATE PROCEDURE procedure_name([IN|OUT|INOUT] parameter_name data_
type[(length)], ...)
BEGIN
    -- 存储过程的SQL语句
END;
```

参数说明：

①procedure_name：存储过程的名称，该名称在数据库中必须是唯一的。

②[IN|OUT|INOUT]：参数的模式。IN表示输入参数，OUT表示输出参数，INOUT表示既是输入参数又是输出参数。

③parameter_name：参数的名称。

④data_type[(length)]：参数的数据类型及其长度（如果适用）。

注意：

①系统默认在当前数据库中创建。需要在特定数据库中创建存储过程时，则要在名称前面加上数据库的名称。语法格式如下：

```
数据库名.存储过程名
```

②当存储过程有多个参数时中间用逗号隔开。MySQL存储过程支持3种类型的参数：输入参数、输出参数和输入/输出参数，关键字分别是IN、OUT和INOUT。

③存储过程可以有0个、1个或多个参数。存储过程即使不加参数，名称后面的括号也是不可省略的。

④参数的名字不要采用列的名字，否则虽然不会返回出错消息，但是存储过程中的SQL语句会将参数名看作列名，从而引发不可预知的结果。

在MySQL中，服务器处理语句时是以分号为结束标志的。但是，在创建存储过程时，存储过程体中可能包含多条SQL语句，每条SQL语句都是以分号为结尾的，使用“DELIMITER $$”命令改变存储过程的结束符，并以“END$$”结束存储过程。存储过程定义完毕之后再使用“DELIMITER ;”。

【例6.1】创建一个无参的存储过程，查询老师的姓名、性别、职务等信息。

```
DELIMITER $$
CREATE PROCEDURE simple_teacher()
BEGIN
    SELECT t.name,t.sex,p.post_name FROM teacher t,post p where t.post_id=p.id;
END$$
DELIMITER;
```

视频

例6.1

2. 存储过程的调用

使用CALL语句调用存储过程，并传递必要的参数。例如，调用上面创建的simple_teacher()存储过程：

```
CALL simple_teacher();
```

存储过程调用输出结果如图6-1所示。

```
mysql> CALL simple_teacher();
+------+-----+-----------+
| name | sex | post_name |
+------+-----+-----------+
| 冯著 | 男  | 专职教师  |
+------+-----+-----------+
1 row in set (0.00 sec)
```

图 6-1　存储过程无参数结果

【例6.2】创建一个有参数的存储过程，通过输入学生的学号，指定查询学生的信息，该过程接收一个输入参数：

①创建存储过程：

```
DELIMITER $$
CREATE PROCEDURE simple_student(IN param_in BIGINT)
BEGIN
    SELECT name,sex,age,year FROM student where id=param_in;
END$$
DELIMITER;
```

视频

例6.2

②调用存储过程并输入学号：

```
CALL simple_student(1712402404006);
```

有参调用存储过程输出结果如图6-2所示。

```
mysql> CALL simple_student(1712402404006);
+--------+-----+-----+------+
| name   | sex | age | year |
+--------+-----+-----+------+
| 林依波 | 男  | 18  | 2024 |
+--------+-----+-----+------+
1 row in set (0.00 sec)
```

图 6-2　存储过程输入参数结果

【例6.3】创建一个带有输入和输出参数的存储过程，查询某一年级入学的所有学生的总数，并且调用该存储过程，查看输出结果。

①创建存储过程：

```
DELIMITER $$
CREATE PROCEDURE simple_studentCount(IN param_in INT,OUT number INT)
BEGIN
     SELECT COUNT(id) INTO number FROM student where year= param_in;
END$$
DELIMITER;
```

②调用存储过程并输入年份：

```
CALL simple_studentCount(2024,@number);
SELECT @number;
```

存储过程输入和输出参数结果如图6-3所示。

视频

例6.3

```
mysql> SELECT @number;
+---------+
| @number |
+---------+
|       2 |
+---------+
1 row in set (0.00 sec)
```

图 6-3　存储过程输入和输出参数结果

3. 存储过程的查看

①查看存储过程状态信息的基本语句格式如下：

```
SHOW PROCEDURE STATUS [LIKE 'pattern'];
```

【例6.4】查看存储过程simple_teacher的基本信息。

```
SHOW PROCEDURE STATUS LIKE 'simple_teacher';
```

存储过程状态输出结果如图6-4所示。

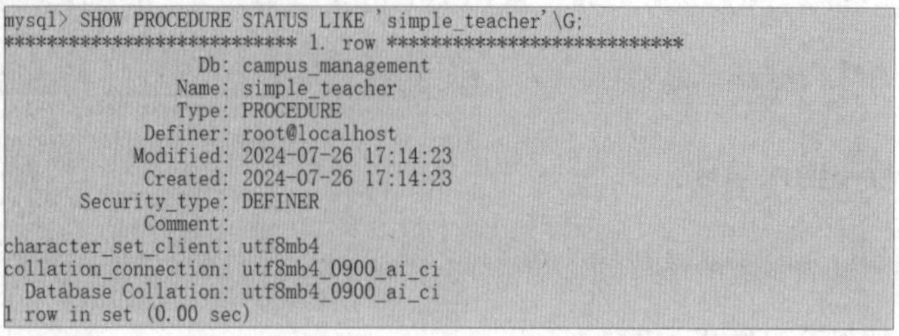

```
mysql> SHOW PROCEDURE STATUS LIKE 'simple_teacher'\G;
*************************** 1. row ***************************
                  Db: campus_management
                Name: simple_teacher
                Type: PROCEDURE
             Definer: root@localhost
            Modified: 2024-07-26 17:14:23
             Created: 2024-07-26 17:14:23
       Security_type: DEFINER
             Comment:
character_set_client: utf8mb4
collation_connection: utf8mb4_0900_ai_ci
  Database Collation: utf8mb4_0900_ai_ci
1 row in set (0.00 sec)
```

图 6-4　通过状态查看存储过程

②查看存储过程定义信息的基本语句格式如下：

```
SHOW CREATE PROCEDURE proc_name;
```

【例6.5】查看存储过程simple_teacher的定义信息。

查看存储过程定义信息如图6-5所示。

```
mysql> SHOW CREATE PROCEDURE simple_teacher\G;
*************************** 1. row ***************************
           Procedure: simple_teacher
            sql_mode: ONLY_FULL_GROUP_BY,STRICT_TRANS_TABLES,NO_ZERO_IN_DATE,NO_ZERO_DATE,ERROR_FOR_DIVISION_BY_ZERO,NO_ENGINE_SUBSTITUTION
    Create Procedure: CREATE DEFINER=`root`@`localhost` PROCEDURE `simple_teacher`()
BEGIN
    SELECT t.name,t.sex,p.post_name FROM teacher t,post p where t.post_id=p.id;
END
character_set_client: utf8mb4
collation_connection: utf8mb4_0900_ai_ci
  Database Collation: utf8mb4_0900_ai_ci
1 row in set (0.00 sec)
```

图 6-5　查看存储过程定义信息

6.2.2　存储过程体编程

1. 变量

①局部变量。在存储过程中可以声明局部变量，它们可以用来存储临时结果。要声明局部变量必须使用DECLARE语句，在声明局部变量的同时也可以为其赋一个初始值，如果不指定则默认值为NULL。

语法格式如下：

```
DECLARE 变量名 ... 类型 [默认值]
```

声明一个整型变量和两个字符变量。

```
DECLARE number int(6);
DECLARE str1, str2 varchar(32);
```

②使用SET语句赋值变量。要给局部变量赋值可以使用SET语句，SET语句是SQL本身的一部分。语法格式如下：

```
SET 变量名 = expr [,变量名= expr] ...
```

【例6.6】在存储过程中给局部变量赋值。

```
DELIMITER $$
CREATE PROCEDURE simple_teacher_set()
BEGIN
DECLARE result BIGINT;
SET result=1712402404006;
SELECT t.name,t.sex,p.post_name FROM teacher t,post p where t.post_id=p.id
and t.post_id=result ;
END$$
DELIMITER;
```

③SELECT...INTO语句赋值变量。使用SELECT...INTO语句可以把选定的列值直接存储到变量中。因此，返回的结果只能有一行。

```
SELECT 列名[,...] INTO 变量名[,...]  table_expr
```

【例6.7】查找学号是1712402404006的学生的姓名信息。

```
DELIMITER $$
CREATE PROCEDURE simple_teacher_select()
BEGIN
DECLARE sname VARCHAR(50);
SELECT name INTO sname FROM teacher
where t.id=1712402404006;
END$$
DELIMITER;
```

通过学号查找学生的姓名，然后赋值给sname变量。

2. 流程控制语句

①IF...THEN...ELSE 语句。IF...THEN...ELSE语句可根据不同的条件执行不同的操作。语法格式如下：

```
IF 条件 THEN 语句
[ELSEIF 条件 THEN 语句 ] ...
[ELSE  语句]
END IF
```

【例6.8】创建存储过程判断x1、x2两个输入参数哪一个更大，x3返回对比结果。

```
DELIMITER $$
CREATE PROCEDURE simple_compar
       (IN x1 integer, IN x2 integer, OUT x3 char(10))
BEGIN
   IF x1>x2 THEN
        SET x3='大于';
   ELSEIF x1=x2 THEN
        SET x3='等于';
   ELSE
        SET x3='小于';
   END IF;
   END$$
DELIMITER ;
```

传入x1=1，x2=2，运行结果如图6-6所示。

```
mysql> CALL simple_compar(1,2,@x3);
Query OK, 0 rows affected (0.00 sec)

mysql> SELECT @X3;
+--------+
| @X3    |
+--------+
| 小于   |
+--------+
1 row in set (0.00 sec)
```

图 6-6　存储过程运行结果

②CASE 语句。语法格式如下：

```
CASE
   WHEN condition1 THEN
     -- 当condition1为真时执行的语句
   WHEN condition2 THEN
     -- 当condition2为真时执行的语句
   ...
   ELSE
     -- 所有条件都不满足时执行的语句
END CASE;
```

【例6.9】创建一个存储过程，针对参数的不同，返回不同的结果。

```
DELIMITER $$
CREATE PROCEDURE simple_result
      (IN str varchar(4), OUT sex varchar(4))
BEGIN
   CASE str
       WHEN 'm' THEN SET sex='男';
       WHEN 'f' THEN SET sex='女';
       ELSE SET sex='无';
   END CASE;
END$$
DELIMITER;
```

传入f运行结果如图6-7所示。

```
mysql> CALL simple_result('f',@sex);
Query OK, 0 rows affected (0.00 sec)

mysql> SELECT @sex;
+------+
| @sex |
+------+
| 女   |
+------+
1 row in set (0.00 sec)
```

图 6-7　存储过程多参数运行结果

③循环语句。在存储过程中可以定义0条、1条或多条循环语句。MySQL支持3种循环语句：WHILE语句、REPEAT 语句和LOOP 语句。

WHILE 语句的语法格式如下：

```
[begin_label:] WHILE condition DO
    -- 循环体
END WHILE [begin_label];
```

【例6.10】创建一个带WHILE循环的存储过程。

```
DELIMITER $$
CREATE PROCEDURE simple_while()
BEGIN
   DECLARE v1 int DEFAULT 10;
```

```
   WHILE v1>0 DO
      SET v1=v1-1;
   END WHILE;
SELECT v1
END$$
DELIMITER;
```

REPEAT语句的语法格式如下：

```
[label:]
REPEAT
   语句
   UNTIL 条件
END REPEAT[label]
```

【例6.11】创建一个用REPEAT 循环的存储过程。

```
DELIMITER $$
CREATE PROCEDURE simple_repeat()
BEGIN
   DECLARE v1 int DEFAULT 10;
REPEAT
   v1=v1-1;
   UNTIL v1<1;
END REPEAT;
SELECT v1
END$$
DELIMITER;
```

LOOP语句的语法格式如下：

```
[begin_label:] LOOP
    -- 循环体
    IF condition THEN
        LEAVE [loop_label];
    END IF;
END LOOP [loop_label];
```

LEAVE语句用于立即退出LOOP、REPEAT或WHILE循环。跳出循环语句：

```
LEAVE  label
```

ITERATE语句用于跳过当前循环的剩余部分，并开始下一次循环迭代。它只能在LOOP、REPEAT或WHILE循环中使用。语法格式如下：

```
ITERATE label;
```

【例6.12】创建一个用LOOP循环的存储过程。

```
DELIMITER $$
CREATE PROCEDURE simple_loop()
```

```
BEGIN
    SET @a=10;
    label: LOOP
        SET @a=@a-1;
        IF @a<0 THEN
            LEAVE label;
        END IF;
    END LOOP label;
END$$
DELIMITER;
```

运行结果如图6-8所示。

```
mysql> CALL simple_loop;
Query OK, 0 rows affected (0.00 sec)

mysql> SELECT @a;
+------+
| @a   |
+------+
|   -1 |
+------+
1 row in set (0.00 sec)
```

图 6-8　LOOP 循环存储过程

6.2.3　存储过程的修改和删除

1. 存储过程的修改

用户使用ALTER PROCEDURE语句可以修改存储过程的某些特征。语法格式如下：

```
ALTER PROCEDURE  存储过程名 [特征...]
```

特征格式如下：

```
{ CONTAINS SQL | NO SQL | READS SQL DATA | MODIFIES SQL DATA }
| SQL SECURITY { DEFINER | INVOKER }
| COMMENT 'string'
```

【例6.13】 修改存储过程simple_student的定义，将读/写权限改为 MODIFIES SQL DATA并指明调用者可以执行。

```
ALTER PROCEDURE simple_student
MODIFIES SQL DATA
SQL SECURITY INVOKER;
```

2. 存储过程的删除

创建存储过程后需要将其删除时使用DROP PROCEDURE 语句。在此之前，必须确认该存储过程与其他存储过程没有任何依赖关系，否则会导致其他与之关联的存储过程无法运行。语法格式如下：

```
DROP PROCEDURE  [IF EXISTS] 存储过程名
```

【例6.14】删除存储过程simple_student。

```
DROP PROCEDURE simple_student;
```

任务 6.3　管理和应用游标

6.3.1　游标的概念

游标是一种数据库对象，它提供了一种从查询结果集中逐行读取数据的方法。在MySQL中，游标可以视为一个指向查询结果集中某一行的指针，通过移动这个指针，用户可以逐行访问和处理查询结果集中的数据。

MySQL游标（cursor）是一种在数据库查询中使用的重要机制，它允许用户逐行遍历查询结果集，并对每一行数据进行操作。游标在MySQL中主要用于存储过程、函数、触发器和事件中，提供了一种灵活的数据访问和处理方式。

6.3.2　游标的管理

1. 声明游标

声明游标的语法格式如下：

```
DECLARE 游标名 CURSOR FOR SELECT语句
```

2. 打开游标

声明游标后，要使用游标并从中提取数据，就必须先打开游标。使用OPEN语句打开游标，格式如下：

```
OPEN 游标名
```

在程序中，一个游标可以打开多次，由于其他用户或程序可能在期间已经更新了表，所以每次打开结果可能不同。

3. 使用数据

打开游标后，就可以使用FETCH…INTO语句从中读取数据。语法格式如下：

```
FETCH游标名INTO 变量名 ...
```

4. 关闭游标

游标使用完以后要及时关闭。关闭游标使用CLOSE语句，格式如下：

```
CLOSE 游标名
```

在完成数据处理后，使用CLOSE语句关闭游标，以释放数据库资源。

6.3.3　游标的应用

【例6.15】创建一个存储过程，计算学生student表中行的数目。

```
DELIMITER $$
CREATE PROCEDURE simple_compute (OUT number integer)
BEGIN
   DECLARE xh char(32);
   DECLARE FOUND boolean DEFAULT true;
   DECLARE number_xs CURSOR FOR
      SELECT id FROM student;
   DECLARE CONTINUE HANDLER FOR NOT FOUND
      SET found=false;
   SET number=0;
   OPEN number_xs;
   FETCH number_xs INTO xh;
   WHILE found DO
      SET number=number+1;
      FETCH number_xs INTO xh;
   END WHILE;
   CLOSE number_xs;
END$$
DELIMITER;
```

运行结果如图6-9所示。

```
mysql> CALL simple_compute(@number);
Query OK, 0 rows affected (0.00 sec)

mysql> SELECT @number;
+---------+
| @number |
+---------+
|      78 |
+---------+
1 row in set (0.00 sec)
```

图 6-9　游标应用运行结果

项目 6 实训：存储过程管理

1. 实训目的

①掌握存储过程的创建、调用、修改和删除。

②掌握用户自定义存储过程的创建方法。

2. 实训内容

对数据库进行以下操作：

①创建一个名为 simple_publisher的存储过程，并在 SELECT 语句中定义局部变量publisher，初始化变量publisher为101（学生处），查school_teacher_message表中的所有该发布者发布的信息。

②使用IF...THEN...ELSE和while循环语句，判断student表中，如果是2024级入学的学生，输

出学生的姓名，否则输出“学号”+“不是2024级的同学”。

③使用CASE表达式更改teacher表的显示：类型 1、2、3、4 的职称分别显示为助教、讲师、副教授和教授。

3. 实训小结

存储过程是一组为了完成特定功能的SQL语句集，经编译后存储在数据库中，用户通过指定存储过程的名字并给定参数来调用执行它。本项目主要学习了存储过程的基本概念、创建、调用、修改和删除方法，以及存储过程在数据库管理和应用开发中的重要作用和优势，可提高学生数据库编程能力和问题解决能力。

项目小结

通过学习本项目，学生可系统掌握存储过程与游标的核心原理及实践应用。存储过程方面，能够理解其作为预编译 SQL 集合的特性，能够封装复杂业务逻辑、提升执行效率，并通过参数传递实现灵活调用。关键点包括：创建语法（CREATE PROCEDURE）、变量与流程控制（如DECLARE、IF/LOOP）以及异常处理机制。其优势体现在减少网络传输、增强数据安全性和简化代码维护。

通过学习游标部分，学生可掌握其作为“结果集指针”的作用，逐行处理查询数据。重点包括：声明游标（DECLARE CURSOR）、操作步骤及通过循环遍历数据的方法。实践中，结合存储过程实现游标动态读取、变量赋值等操作，可深化对结果集逐行处理逻辑的理解。

此外，需要认识到两者的性能与适用场景差异：存储过程适用于高频复用操作，但过度使用会增加维护难度；游标虽灵活，但频繁操作可能导致资源消耗，应优先考虑集合操作。

课后习题

一、选择题

1. 在MySQL中，创建一个存储过程的语句是（　　）。

A. CREATE FUNCTION　　B. CREATE TRIGGER

C. CREATE PROCEDURE　　D. CREATE EVENT

2. 下列（　　）参数类型允许存储过程向外部返回数据。

A. IN　　B. OUT

C. INOUT　　D. B和C

3. 存储过程中的错误处理通常使用（　　）语句来定义错误处理程序。

A. DECLARE ... HANDLER　　B. TRY ... CATCH

C. IF ... ELSE　　D. ON ERROR RESUME NEXT

4. 为了提高存储过程的性能，以下（　　）策略通常不被推荐。

A. 减少存储过程中的复杂计算和逻辑判断

B. 在存储过程中尽可能多地使用子查询来提高可读性

C. 利用表的索引来优化查询操作

D. 批量处理数据以减少与数据库的交互次数

5. (　　) 定义一个MySQL存储过程的结束。

A. 使用分号（;）

B. 使用END关键字后跟分号（;）

C. 使用DELIMITER命令指定一个新的结束符，然后在存储过程末尾使用那个结束符

D. 存储过程不需要明确的结束标记

二、简答题

1. 简述存储过程在数据库应用中的主要作用。

2. 编写MySQL存储过程时，需要注意哪些关键事项？

项目 7 事务处理与触发器

学习目标

◎知识目标

- 理解事务的 ACID 特性（原子性、一致性、隔离性、持久性）。
- 掌握事务控制语句（BEGIN TRANSACTION、COMMIT、ROLLBACK）的使用。
- 了解触发器的基本概念、类型（INSERT、UPDATE、DELETE）及其作用。
- 学习触发器的创建、管理及性能影响。

◎能力目标

- 能够设计并实施符合业务需求的事务处理流程。
- 熟练使用 SQL 语句创建触发器，实现数据自动化处理和一致性维护。
- 分析并解决因触发器不当使用导致的性能问题。
- 管理触发器，包括查看、修改和删除触发器。

◎素质目标

- 具有严谨的数据处理逻辑和错误预防意识。
- 具有解决复杂数据操作问题的能力。
- 具有对数据库系统内部机制的理解和应用能力。
- 培养对数据库高级特性的探索兴趣和创新思维。

项目简介

本项目将通过一系列实践案例，引导学生深入理解事务处理与触发器的应用。学生将首先讲解事务的基本概念和 ACID 特性，以及事务控制语句的使用，并设计实现一个包含多个步骤的事务处理流程。随后，将讲解触发器的创建方法，通过实例演示如何使用触发器实现数据的自动化处理和一致性维护。此外，还将介绍如何管理触发器，分析并解决因触发器使用不当可能导致的性能问题。通过本项目的学习，学生可全面掌握事务处理与触发器的核心技能，提升数据库操作与管理的综合能力。

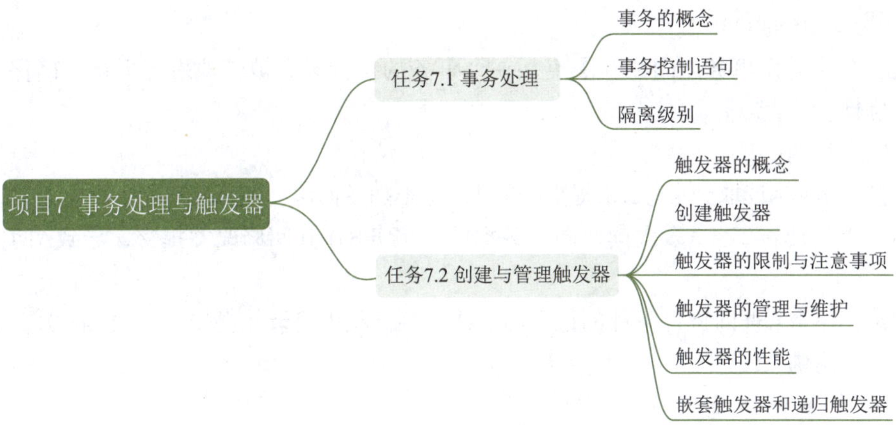

任务 7.1　事务处理

7.1.1　事务的概念

事务是数据库操作的一个逻辑单元，它由一系列操作组成，这些操作要么全部成功执行，要么在遇到错误时全部撤销，从而保持数据库的一致性。事务具有4个基本特性，即ACID特性：原子性（atomicity）、一致性（consistency）、隔离性（isolation）、持久性（durability）。

1. 原子性（atomicity）

定义：事务是数据库操作的最小逻辑单元，事务中的所有操作要么全部成功执行，要么全部回滚，确保数据库状态不会停留在中间不一致的状态。

案例场景：如银行转账事务（从账户A转100元到账户B），包含“账户A扣款”和“账户B 存款”两个操作。若扣款成功后系统崩溃，原子性会确保扣款操作回滚，避免A账户钱减少而B账户未到账的情况。

技术实现：通过数据库日志（redo log/undo log）记录事务操作，若中途失败则利用undo log撤销已执行的操作，保证事务的完整性。

MySQL中的体现：使用rollback语句可回滚整个事务，确保操作的原子性。

2. 一致性（consistency）

定义：事务执行前后，数据库从一个合法的状态转换到另一个合法的状态，数据的完整性约束（如主键唯一、外键关联、check 约束等）不会被破坏。

案例场景：学生表中插入新记录时，若学号字段设置为唯一约束，一致性会确保重复学号的记录无法插入，避免数据逻辑错误。

与原子性的区别：原子性关注操作是否“全部执行或全部回滚”，而一致性关注数据是否符合业务规则。例如，转账事务中，若A账户余额不足却完成扣款，即使事务原子性保证回滚，但若未检查余额，仍会导致一致性问题。

技术实现：通过数据库的完整性约束（如主键、外键、check 约束）和业务逻辑校验（如触发器、存储过程）来保证。

3. 隔离性（isolation）

定义：多个并发事务之间相互隔离，一个事务的执行不会被其他事务干扰，确保事务执行结果的正确性。

并发问题举例：

①脏读：事务A读取到事务B未提交的数据，若B随后回滚，A读取的数据即为无效。

②不可重复读：事务A多次读取同一数据时，事务B在其间修改并提交，导致A两次读取结果不一致。

③幻读：事务A查询符合条件的记录时，事务B插入新记录并提交，导致A再次查询时结果集新增记录，仿佛“幻觉”。

隔离级别（MySQL支持）：

① read uncommitted（未提交读）：允许读取未提交数据，可能导致脏读、不可重复读、幻读。

② read committed（提交读）：只能读取已提交数据，避免脏读，但可能出现不可重复读和幻读（Oracle 默认级别）。

③ repeatable read（可重复读）：MySQL 默认级别，通过 MVCC（多版本并发控制）避免脏读和不可重复读，但可能出现幻读（可通过间隙锁解决）。

④ serializable（可串行化）：最高级别，通过锁机制强制事务串行执行，避免所有并发问题，但性能最低。

4. 持久性（durability）

定义：事务一旦提交，其对数据库的修改会永久保存，即使发生系统崩溃、断电等故障，数据也不会丢失。

案例场景：订单提交后，即使服务器突然断电，重新启动后订单数据仍存在，确保业务操作的持久性。

技术实现：通过数据库的日志系统（如MySQL的redo log）实现。事务提交时，redo log会被写入磁盘，即使系统崩溃，重启后可通过redo log恢复已提交的数据修改。

5. ACID 特性的协作关系

①原子性是基础：确保事务操作的完整性，为一致性奠定基础。

②一致性是目标：原子性和隔离性最终服务于一致性，保证数据符合业务规则。

③隔离性是手段：通过隔离并发事务，避免数据干扰，确保一致性。

④持久性是保障：确保事务成果不会因故障丢失，维持数据的可靠性。

7.1.2 事务控制语句

在MySQL中，事务控制主要通过以下SQL语句实现：

① START TRANSACTION或BEGIN：开始一个新的事务。

② COMMIT：提交当前事务，使自事务开始以来对数据库所做的所有修改成为永久性的。

③ ROLLBACK：回滚当前事务，撤销自事务开始以来对数据库所做的所有修改。

④ SAVEPOINT：在事务中创建一个保存点，可以在后续的操作中回滚到该保存点，而不是回滚整个事务。

⑤ RELEASE SAVEPOINT：删除一个事务中的保存点。

⑥ ROLLBACK TO SAVEPOINT：将事务回滚到指定的保存点。

【例7.1】事务应用——批量修改学生姓名。编写存储过程批量修改两个学生的姓名，要求同时校验学号是否存在，任意一个学号无效则回滚事务。

视 频

例7.1

```
DELIMITER
CREATE procedure update_students(
    in sid1 varchar(20),
    in new_name1 varchar(50),
    in sid2 varchar(20),
    in new_name2 varchar(50)
)
BEGIN
    declare exit handler for sqlexception   -- 统一异常处理
    BEGIN
        rollback;
        resignal;
    END;
    start transaction;  -- 开启事务
    -- 更新第一个学生并记录影响行数
    UPDATE student set name=new_name1 where id=sid1;
    set @rows1=row_count();

    -- 更新第二个学生并记录影响行数
    UPDATE student set name=new_name2 where id=sid2;
    set @rows2=row_count();
    -- 动态判断结果
    IF @rows1+@rows2=2 then
        commit;              -- 全部存在则提交
    ELSE
        rollback;            -- 任意失败则回滚
        signal sqlstate '45000' set message_text='学号不存在'; -- 抛出自定义错误
    END IF;
END//
delimiter ;
-- 调用示例
call update_students(1712402404001, '新名字1', 1712402404002, '新名字2');

-- 手动验证
SELECT * FROM student
WHERE id IN (1712402404001, 1712402404002);
```

7.1.3 隔离级别

事务的隔离级别决定了事务之间的可见性和并发性能。MySQL支持4种隔离级别：

① READ UNCOMMITTED（未提交读）：事务可以读取未提交的数据，可能导致脏读。

② READ COMMITTED（提交读）：事务只能读取已经提交的数据，可以避免脏读，但可能发生不可重复读和幻读。

③ REPEATABLE READ（可重复读）：MySQL的默认隔离级别，保证在同一个事务内多次读取同样记录的结果是一致的，但可能发生幻读。

④ SERIALIZABLE（可串行化）：最高的隔离级别，强制事务串行执行，可以避免脏读、不

可重复读和幻读，但性能最低。

任务 7.2　创建与管理触发器

7.2.1　触发器的概念

触发器是一种特殊类型的存储过程，它会在指定的表上执行INSERT、UPDATE或DELETE操作。触发器可以定义在数据修改之前（before）或之后（after），并且可以用来维护数据的完整性、执行复杂的业务规则或记录数据的变更历史等。

7.2.2　创建触发器

在MySQL中，使用CREATE TRIGGER语句创建触发器。基本语法如下：

```
CREATE TRIGGER trigger_name
    [before|after] [insert|update|delete]
    on table_name for each row
    BEGIN
    -- 触发器体，即要执行的SQL语句
    END;
```

【例7.2】学生信息变更日志触发器。假设需要在学生信息表（Students）上创建一个触发器，每当有学生信息被更新时，在student_logs表中插入一条日志记录。

视频

例7.2

```
  -- 1. 先创建历史记录表
  CREATE table student_name_history (
      log_id      int auto_increment primary key,
      student_id varchar(20) not null,
      old_name    varchar(50) not null,
      new_name    varchar(50) not null,
    change_time timestamp default current_timestamp
);
-- 2. 创建触发器（仅记录实际修改）
DELIMITER //
CREATE trigger log_name_change
before update on student
for each row
BEGIN
    if old.name <> new.name then    -- 仅当名字变化时触发
        insert into student_name_history (student_id, old_name, new_name)
        values (old.id, old.name, new.name);
    end if;
END//
DELIMITER ;
```

在这个触发器中，old关键字用于引用更新前的行数据，而new关键字用于引用更新后的行数据。concat()函数用于生成日志的详细信息，记录了学生姓名和班级id的变更情况。

7.2.3　触发器的限制与注意事项

具体限制与注意事项如下：

①触发器中不能使用start transaction、commit或rollback语句，因为它们会影响事务的边界。

②触发器中的SQL语句不能包含任何返回结果的语句（如select语句，除非它们被用于赋值或条件判断）。

③触发器可能会增加数据库操作的复杂性，因此在设计触发器时应谨慎考虑其必要性和性能影响。

7.2.4　触发器的管理与维护

管理触发器涉及查看现有触发器、修改触发器以及删除不再需要的触发器。

1. 查看触发器

要查看数据库中的触发器，可以使用SHOW TRIGGERS语句或查询information_schema.triggers表。

```
-- 使用SHOW TRIGGERS查看当前数据库的触发器
SHOW TRIGGERS;

-- 或查询information_schema.triggers表
SELECT * FROM information_schema.triggers
WHERE trigger_schema = 'your_database_name';
```

2. 修改触发器

MySQL不直接支持修改已存在的触发器。如果需要修改触发器，必须首先删除它，然后创建一个新的触发器。

```
-- 删除触发器
DROP TRIGGER IF EXISTS after_student_update;
-- 重新创建触发器，包含修改后的逻辑
DELIMITER $$
CREATE trigger after_student_update
after update
on students FOR EACH ROW
BEGIN
-- 修改后的触发器体
END$$
DELIMITER ;
```

3. 删除触发器

当触发器不再需要时，应使用DROP TRIGGER语句将其删除，以避免不必要的性能开销和数据冗余。

```
DROP TRIGGER IF EXISTS trigger_name;
```

7.2.5　触发器的性能

触发器虽然强大，但它们也可能对数据库性能产生负面影响。因为每当触发器关联的表上发生INSERT、UPDATE或DELETE操作时，触发器都会自动执行，这可能会增加额外的处理时间和资源消耗。此时，需要注意以下几点：

①避免在触发器中执行复杂的查询或逻辑：复杂的逻辑可能会显著增加事务的响应时间，并导致性能瓶颈。

②考虑使用其他机制：在某些情况下，可以通过应用程序逻辑、存储过程或定期运行的批处理作业来实现与触发器相同的功能，同时提供更好的性能控制。

③监控和优化：定期监控触发器的执行情况和性能影响，并根据需要进行优化。

7.2.6 嵌套触发器和递归触发器

虽然MySQL支持嵌套触发器（一个触发器中调用另一个触发器），但应谨慎使用以避免无限递归和不可预测的行为。默认情况下，MySQL不允许递归触发器，但可以通过在触发器逻辑中手动控制来模拟递归行为（尽管这通常不推荐）。

事务处理和触发器是数据库高级管理中的重要概念，它们为保持数据一致性和实现复杂的业务逻辑提供了强大的工具。通过学习本项目，能够深入理解事务的ACID特性、隔离级别以及如何在MySQL中使用事务控制语句。同时，也可掌握触发器的基本概念、创建方法、管理技巧以及性能考虑因素。

项目 7 实训：事务处理和触发器使用

1. 实训目的

①理解事务ACID特性，掌握事务控制语句（BEGIN、COMMIT、ROLLBACK）。

②了解触发器的基本概念，学会创建简单的触发器。

2. 实训内容

图书借阅事务与逾期处理触发器：

（1）事务处理

①编写存储过程borrowbook处理借阅操作：验证读者状态、插入借阅记录、更新图书库存，使用事务保证借阅流程的原子性。

②添加异常处理：若读者存在逾期未还记录或库存不足，回滚事务并提示错误。

（2）触发器设计

①创建BEFORE UPDATE触发器：在归还图书时自动计算逾期天数，更新罚款金额至读者账户。

②创建AFTER INSERT触发器：插入借阅记录后，自动更新读者当前借阅数量并记录操作日志。

3. 实训小结

本实训以图书管理系统为案例，强化MySQL事务与触发器的综合应用能力。用户通过编写借阅事务存储过程，掌握多表操作中事务的原子性控制与异常回滚机制，深入理解SAVEPOINT和ROLLBACK TO的灵活应用。触发器部分通过逾期罚款自动计算和借阅状态同步，实践了触发器对业务规则的自动化执行与数据一致性保障。实验结合日志表记录操作轨迹，强调事务与触发器的协作对系统健壮性的提升。用户通过调试事务边界条件和触发器执行顺序，进一步理解隐式事务的风险，培养复杂业务场景下的数据库设计思维。

项目小结

本项目围绕事务与触发器展开，系统讲解事务的 ACID 特性、隔离级别及 MySQL 事务控制语句（START TRANSACTION/COMMIT/ROLLBACK），结合借阅、选课等案例演示多步骤操作的原子性保障。触发器部分解析 before/after 触发时机及 INSERT/UPDATE/DELETE 事件联动，通过自动计算字段、约束校验等场景，揭示触发器在业务规则封装和数据衍生中的价值。本项目强调事务与触发器的互补性：事务显式控制逻辑边界，触发器隐式维护数据完整性。通过实训项目，用户掌握异常处理、事务嵌套及触发器执行顺序优化技巧，为构建高可靠性数据库系统奠定实践基础。

课后习题

一、选择题

1.关于事务的ACID属性，（　　）描述是不正确的。

A. 原子性确保事务中的所有操作要么全部成功，要么全部失败

B. 一致性保证事务将数据库从一个状态转换为另一个有效的状态

C. 隔离性确保并发事务之间不会相互干扰，但可以通过锁机制来降低隔离级别以提高性能

D. 持久性意味着事务一旦提交，其对数据库的修改即使在系统崩溃后也能恢复

2.在智慧校园系统中，使用触发器可以实现（　　）功能。

A. 手动更新学生信息表中的记录

B. 自动在日志表中记录每次对成绩表的修改

C. 阻止不符合条件的成绩插入成绩表中（通常应通过应用层逻辑或CHECK约束实现）。

D. 替代事务处理来确保数据的一致性。

二、填空题

1.在事务处理中，当需要回滚到之前的一个保存点时，应使用SQL语句____________。

2.触发器是一种特殊的存储过程，它在____________发生时自动执行。

3.在智慧校园系统中，假设有一个触发器用于在grades表插入新成绩时自动检查成绩是否在0～100之间。如果成绩超出范围，应使用____________语句阻止该记录的插入。

项目 8
数据库的备份与还原

学习目标

◎知识目标

- 理解数据库备份的重要性和基本原理。
- 掌握 MySQL 数据库备份和还原的基本操作。
- 学会导出和导入数据库数据的方法。
- 熟悉常用命令行工具及图形化工具在备份与恢复中的应用。

◎能力目标

- 能够独立实施 MySQL 数据库的备份与恢复策略。
- 能够使用 MySQL 命令行和图形化工具进行数据的导入与导出。
- 能够评估和选择合适的备份方案，以适应不同的业务需求。
- 能够处理常见的备份与恢复过程中的问题。

◎素质目标

- 具有数据安全与完整性意识。
- 能够在压力环境下冷静解决技术问题，确保数据可用性。
- 具有提高分析和解决问题的能力，在实际工作中能灵活运用所学知识。
- 培养团队合作能力，通过协作解决数据库管理中的复杂问题。

项目简介

数据库的日常管理与维护是保障数据安全和系统稳定运行的关键环节。为确保数据安全无虞，定期执行数据备份成为不可或缺的任务。面对数据丢失或错误的潜在风险，通过备份数据的有效还原，能够最大限度减少意外带来的损失。MySQL 数据库系统提供了多样化的备份与还原策略，可灵活应对不同需求。本项目聚焦于实现数据库的核心管理与维护功能，涵盖高效的数据备份与还原机制，以及便捷的数据导入与导出操作，全面提升数据库管理的专业性和可靠性。通过理论与实践相结合的方式，学生将深入理解数据库管理的重要性，熟练掌握相关技能，从而为今后的工作打下坚实的基础。

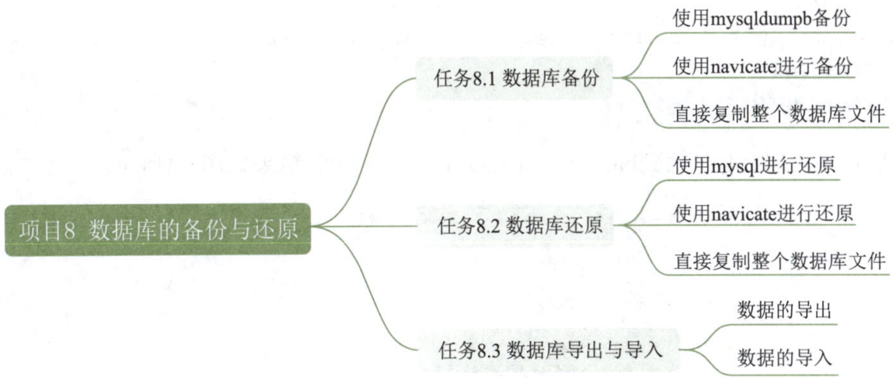

任务 8.1　数据库备份

数据库备份是信息技术管理中的一项重要措施，主要涵盖了数据安全和业务连续性两个核心目的。首先，数据库中存储着企业的重要数据，包括客户信息、交易记录、财务报表等，这些都是企业运营的基础。一旦由于硬件故障、软件崩溃、恶意攻击（如勒索病毒）等发生数据丢失，企业将面临重大的经济损失和信誉危机。其次，定期备份可以确保数据的完整性和可靠性。例如，在发生人为错误（如误删除或错误修改数据）时，备份可以有效地恢复之前的状态。此外，对于满足合规性要求和审计需求，备份记录也是非常重要的，可以追溯操作历史。

8.1.1　使用 mysqldump 进行备份

mysqldump是MySQL自带的备份工具，可以生成符合SQL格式的备份文件。将数据库备份成一个文本文件，该文件中实际上包含了多条CREATE和INSERT语句，使用这些语句可以重新创建表和插入数据。

1. 使用 mysqldump 备份单个数据库

使用mysqldump备份数据库中的某个表的语法如下：

```
mysqldump -u 用户名 -p 数据库名 表1 表2…>备份文件.sql;
```

参数说明：

①用户名为数据库用户，本数据库用户为root，数据库密码为123456，密码需要输入。

②本数据库名为campus_management。

③表1、表2为数据表的表名，多个数据表之间用空格隔开，没有该参数时将备份整个数据库。

④右箭头符号“>”表示将备份数据表写入备份文件。

⑤备份文件.sql参数表示备份文件的名称，需要指定文件保存位置，如D:\备份文件.sql。如果没有指定具体路径，则备份文件将会保存在执行命令的当前工作目录中。

【例8.1】使用root用户备份cumpus_management数据库下的class表。

```
mysqldump -u root -p campus_management class >D:\backup_class.sql
```

在 DOS 窗口输入代码，结果显示如下：

```
C:\Windows\System32>mysqldump -u root -p campus_management class >D:\backup_class.sql
Enter password:******
```

命令执行后可以在D盘找到backup_class.sql文件，打开后结果如图8-1所示。

视频

例8.1

视频

例8.2

```
-- MySQL dump 10.13  Distrib 8.0.26, for Win64 (x86_64)
--
-- Host: localhost    Database: campus_management
-- ------------------------------------------------------
-- Server version	8.0.26

/*!40101 SET @OLD_CHARACTER_SET_CLIENT=@@CHARACTER_SET_CLIENT */;
/*!40101 SET @OLD_CHARACTER_SET_RESULTS=@@CHARACTER_SET_RESULTS */;
/*!40101 SET @OLD_COLLATION_CONNECTION=@@COLLATION_CONNECTION */;
/*!50503 SET NAMES utf8mb4 */;
/*!40103 SET @OLD_TIME_ZONE=@@TIME_ZONE */;
/*!40103 SET TIME_ZONE='+00:00' */;
/*!40014 SET @OLD_UNIQUE_CHECKS=@@UNIQUE_CHECKS, UNIQUE_CHECKS=0 */;
/*!40014 SET @OLD_FOREIGN_KEY_CHECKS=@@FOREIGN_KEY_CHECKS, FOREIGN_KEY_CHECKS=0 */;
/*!40101 SET @OLD_SQL_MODE=@@SQL_MODE, SQL_MODE='NO_AUTO_VALUE_ON_ZERO' */;
/*!40111 SET @OLD_SQL_NOTES=@@SQL_NOTES, SQL_NOTES=0 */;


--
-- Table structure for table `class`
--


DROP TABLE IF EXISTS `class`;
/*!40101 SET @saved_cs_client     = @@character_set_client */;
/*!50503 SET character_set_client = utf8mb4 */;
CREATE TABLE `class` (
  `id` int NOT NULL AUTO_INCREMENT COMMENT '班级号',
  `name` varchar(40) CHARACTER SET utf8 COLLATE utf8_general_ci DEFAULT NULL COMMENT '班级名
```

图 8-1　备份文件

如果执行命令时未指定保存位置为D盘，如mysqldump -u root -p campus_management class >backup_class.sql，则生成的备份文件保存在C:\Windows\System32文件夹中。

【例8.2】使用 root 用户备份 cumpus_management 数据库下所有的表。

```
mysqldump -u root -p campus_management  >D:\backup_cm.sql
```

输入密码后便将数据库campus_management中的所有表都备份。

2. 使用 mysqldump 备份多个数据库

如果要使用 mysqldump 备份多个数据库，需要使用 --databases 参数。备份多个数据库的语法格式如下：

mysqldump -u 用户名 -p --databases 数据库1 数据库2 数据库3 > 备份文件.sql

【例8.3】使用 mysqldump备份 cumpus_management 和test数据库。

```
mysqldump -u root -p --databases campus_management test >D:\backup_cm_test.sql
```

该语句将campus_management和test数据库备份到D盘的backup_cm_test.sql文件，文件包含创建两个数据库所必需的所有语句。

另外，使用 --all--databases 参数可以备份系统中所有的数据库。语法格式如下：

```
mysqldump -u 用户名 -p --all--databases >备份文件名.sql;
```

使用 --all--databases 参数时，不需要指定数据库名称。

8.1.2　使用 Navicat 进行备份

1. 备份整个数据库

打开Navicate连接上数据库，右击要备份的数据库，选择“转储SQL文件”→“结构和数据”命令，选择备份文件存储位置，更改备份文件名，如图8-2所示。

视频

使用navicat进行备份

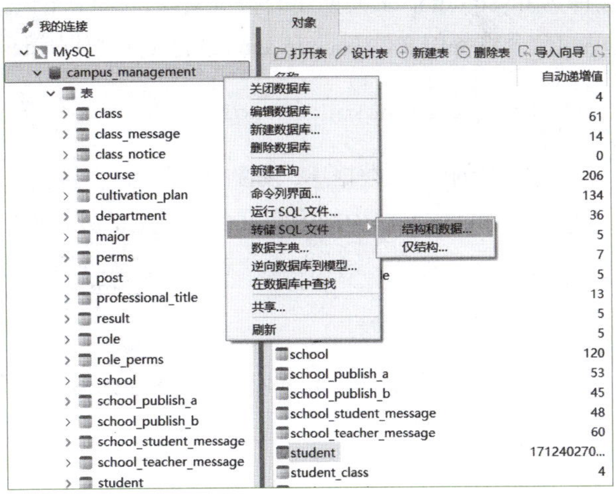

图 8-2　使用图形化工具备份整个数据库

2. 备份数据表

右击需要备份的表，选择“转储SQL文件”→“结构和数据”命令，修改备份文件名后单击“保存”按钮即可完成备份。

8.1.3　直接复制整个数据库文件

MySQL备份最简单的方法是直接复制整个数据库目录文件，不过直接复制整个数据库目录可能会导致数据损坏。MySQL数据存储在其数据目录下，通常包括一个或多个文件，直接复制这些文件可能会导致数据文件的不一致性。另外，直接复制的文件不能够移植到其他机器上，除非要复制的表使用MyISAM存储格式。使用该方法时，最好将服务器停止。

任务 8.2　数据库还原

还原数据库，就是使用备份的文件让数据库回到备份时的状态。当管理人员操作失误或计算机故障以及其他意外情况发生后，可以还原已经备份的数据，尽量减少因数据丢失和破坏而造成的损失。

8.2.1　使用 MySQL 进行还原

对于使用 mysqldump 命令备份后形成的.sql文件，可以使用MySQL命令导入数据库中。备份的.sql文件中包含CREATE、INSERT语句，也可能包含DROP语句。MySQL命令可以直接执行文件中的这些语句。语法格式如下：

```
MySQL -u 用户名 -p [数据库名] <备份文件.sql;
```

参数说明：

①用户名为root，-p 表示输入用户密码。

②数据库名参数是可选参数，可以指定数据库名，也可以不指定。指定数据库名时，表示恢复该数据库中的表；不指定数据库名时，表示恢复特定的一个数据库。

③如果备份文件.sql 文件为 mysqldump 工具创建的备份文件，执行时不需要指定数据库名。

视 频

例8.4

【例8.4】使用mysql命令将备份文件 backup_cm.sql 恢复到数据库test中。

```
MySQL -u root -p test <D:\backup_cm.sql
```

执行命令之前，必须要先创建test数据库，如果不存在，在数据恢复过程中会出错。命令执行成功之后，backup_cm.sql 文件中的语句就会在指定的数据库中恢复以前的数据。

```
C:\Windows\System32>MySQL -u root - p test <D:\backup_cm.sql
Enter password: ******
```

也可以先登录数据库，再使用source命令进行数据库操作。source命令格式如下：

```
source 备份文件.sql
```

【例8.5】使用source命令恢复test数据库中的student表中的数据。

在命令行中先使用mysql-u root -p 登录MySQL数据库，再使用USE test切换到test数据库，接着使用source D:/backup_student.sql进行数据恢复，如图8-3所示。

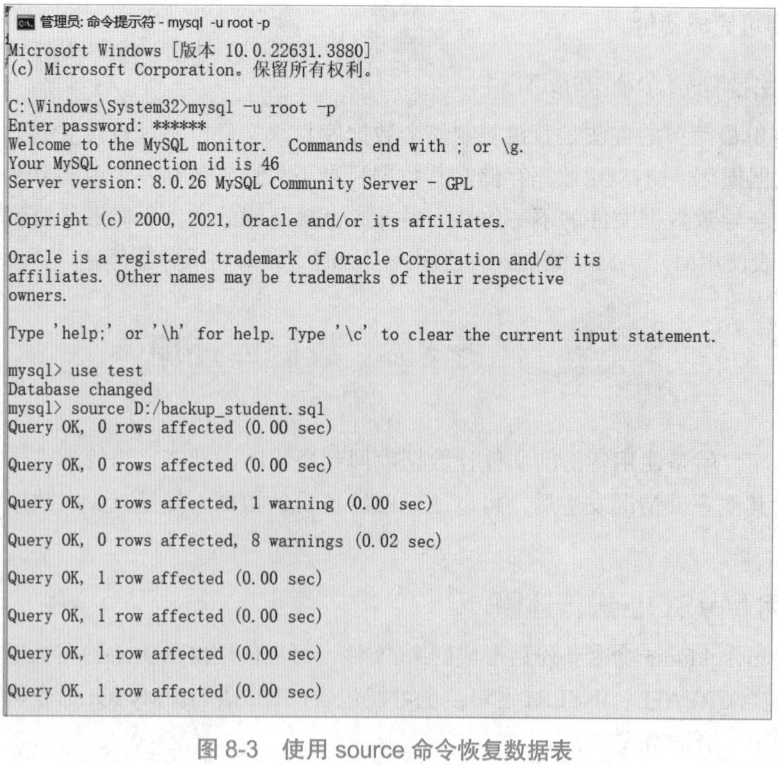

图 8-3　使用 source 命令恢复数据表

8.2.2　使用 Navicat 进行还原

1. 还原整个数据库

打开Navicat，连接上MySQL数据库，新建test数据库，在test数据库上右击选择“运行SQL文件”命令，选择备份的backup_cm.sql文件，单击“开始”按钮，如图8-4所示。

> **注意：**
> 还原数据库必须是存在的。如果还没有数据库，需要先新建一个数据库再进行还原操作。

视频

使用Navicat进行还原

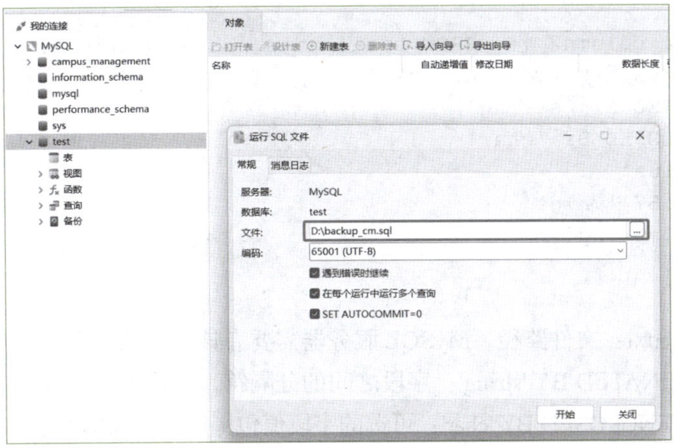

图 8-4　使用 Navicate 还原数据库

2. 还原数据表

连接MySQL数据库，选择某个数据库后在“表”菜单上右击，选择数据表的备份文件，单击“开始”按钮。

> **注意：**
> 如果数据库中没有要还原的数据表，则命令执行完后会创建相应的数据表。如果数据库中已经存在要还原的数据表，则会将数据还原到该数据表中，覆盖原来的数据。

8.2.3　直接复制整个数据库文件

前面介绍过一种直接复制数据的备份方法，通过这种方法备份的数据，可以直接复制到MySQL 的数据库目录下。通过这种方式还原时，必须保证两个MySQL数据库的版本号相同，而且这种方式对MyISAM类型的表比较有效。对于InnoDB类型的表则不可用，因为InnoDB表的表空间不能直接复制。

执行还原前要关闭 MySQL 服务，将备份的文件或文件夹覆盖 MySQL 的 data 文件夹，然后再启动 MySQL 服务。

任务 8.3　数据导出与导入

在日常生活中，经常需要对数据进行导出和导入操作。MySQL数据库可以将数据表导出成文本文件、CSV文件、XML文件、SQL脚本文件或者Excel数据表。相应的，上述文件也可以用来做数据还原的数据源。

8.3.1 数据的导出

1. 使用 SELECT...INTO OUTFILE 导出文本文件

MySQL数据库导出数据时，允许使用包含导出定义的SELECT语句进行数据的导出操作。SELECT...INTO OUTFILE filename 形式的SELECT语句可以把被选择的行写入一个文件中，filename文件不能是一个已经存在的文件。语法格式如下：

```
SELECT column1, column2,... FROM table_name  WHERE condition;
INTO OUTFILE '/path/to/your/file.txt'
FIELDS TERMINATED BY 'string'
OPTIONALLY ENCLOSED BY 'char'
ESCAPED BY 'value'
LINES STARTING BY 'value'
TERMINATED BY 'string'
```

参数说明：

① /path/to/your/file.txt：文件路径，MySQL 服务器需要有该路径的写入权限。

② FIELDS TERMINATED BY 'string'：字段之间的分隔符，默认为制表符 \t。

③ OPTIONALLY ENCLOSED BY 'char'：可选的字段值包围字符，如单引号 ‘或双引号 “。注意，这里是OPTIONALLY，MySQL 5.7及之前版本可能没有OPTIONALLY关键字，但从MySQL 8.0开始，ENCLOSED BY默认为不使用包围字符，添加OPTIONALLY是为了明确这一点。

④ ESCAPED BY 'value'：写入或读取特殊字符，即设置转义字符，默认为反斜线“\”。

⑤ LINES STARTING BY 'value'：每行数据的开头，默认不使用。

⑥ TERMINATED BY 'string'：记录之间的分隔符，默认为换行符 \n。

FILEDS和LINES两个句子都是自选的，如果两个命令都使用，FILEDS必须位于LINES的前面。

【例8.6】使用SELECT...INTO OUTFILE命令将campus_management数据库中的student表中的记录导出到文本文件。

```
SELECT * FROM student
INTO OUTFILE 'D:/back_student.txt';
```

运行结果如图8-5所示。

```
mysql> SELECT * FROM student
    -> INTO OUTFILE 'D:/back_student.txt';
Query OK, 78 rows affected (0.00 sec)
```

图 8-5　例 8.6 运行结果

执行命令之前要确保D:/back_student.txt文件不存在，如果该文件已经存在会报错。保存的back_student.txt文件内容如图8-6所示。

图 8-6　back_student.txt 文件内容

注：运行出错时，会出现错误代码ERROR 1290 (HY000): The MySQL server is running with the --secure-file-priv option so it cannot execute this statement?

这个错误是由于 MySQL 服务器启用了 --secure-file-priv 选项。-secure_file_priv 是MySQL的一个系统变量，用于限制 LOAD DATA INFILE、SELECT ... INTO OUTFILE 和 LOAD_FILE() 函数能够读/写文件的目录。这个设置增强了 MySQL 服务器的安全性，因为它限制了这些操作可以访问的文件系统区域。如果发现 secure_file_priv 限制了你的操作，并且需要更改这个设置，可按照以下步骤操作：找到my.ini配置文件（Linux/macOS：/etc/my.cnf 或 /etc/mysql/my.cnf；Windows：C:\ProgramData\MySQL\MySQL Server X.X\my.ini（X.X 为版本号）)，打开配置文件并找到[MySQLd]，添加或修改 secure_file_priv 的值。如果想要解除限制，可以设置为空字符串；如果想要指定一个目录，确保这个目录存在且 MySQL 服务账户有权限访问它。

【例8.7】使用SELECT...INTO OUTFILE命令将campus_management数据库中的course表中的记录导出到文本文件，要求字段之间使用“-”进行间隔，字符串字段值用双引号括起来，转义字符为单引号“\'”，如图8-7所示。

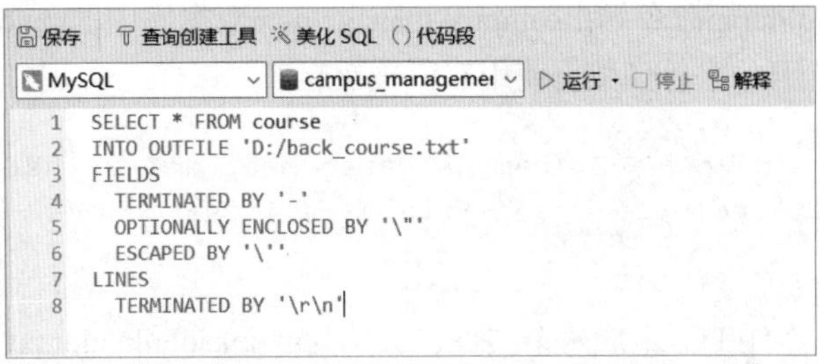

图 8-7　使用 SELECT……INTO 命令行导出文本文件

其中，LINES TERMINATED BY '\r\n'可以保证每条记录占一行，因为Windows操作系统下“\r\n”才是换行。如果不加该选项，默认情况只是“\n”。命令执行结束后，会将course数据表中的数据保存到D盘的back_course.txt文件中，数据内容如图8-8所示。

图 8-8 back_course.txt 文件内容

2. 使用 mysqldump 命令导出文本文件

该命令不仅可以将数据导出为包含CREATE、INSERT的.sql文件，也可以导出为纯文本文件。mysqldump导出文本文件的语法格式如下：

```
mysqldump -u root -p -T 路径 数据库名 表名 [OPTIONS]
```

其中，-T参数表示导出纯文本文件；OPTIONS参数表示附加选项，包括以下5个选项：

①--fields-terminated-by=value：设置字符串为字段的分隔符，默认值为“\t”。

②--fields-enclosed-by= value：设置字符来括上字段的值。

③--fields-optionally-enclosed-by=value：设置字符括上 CHAR、VARCHAR 和 TEXT等字符型字段。

④--fields-escaped-by= value：设置转义字符。

⑤--lines-terminated-by= value：设置每行的结束符。

【例8.8】使用mysqldump命令导出campus_management数据库中的major表中的记录到文本文件，要求字段以“,”隔开，字符型数据使用双引号括起来，每行记录以回车换行符“\r\n”结尾。

```
mysqldump -u root -p -T D:/campus_management major--fields-terminated-by=,
--fields-optionally-enclosed-by=\"--fields-terminated-by=,--lines-terminated-
by=\r\n
```

语句执行成功后，会在D盘生成两个文件，分别为major.sql和major.txt。major.sql文件中包含创建major表的 CREATE语句，major.txt文件中包含表中的数据，如图8-9所示。

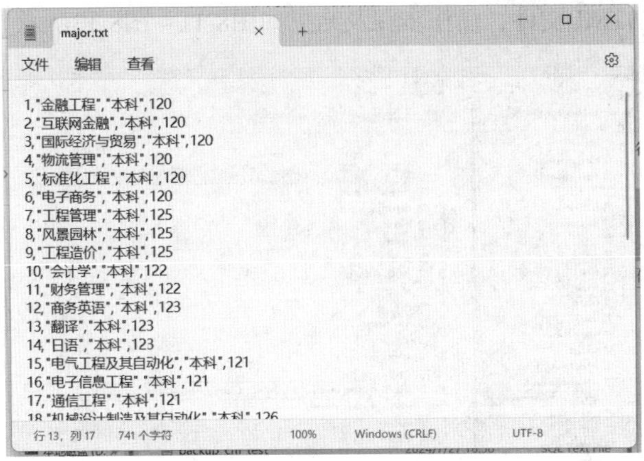

图 8-9　major.txt 文件内容

3. 使用 mysql 命令导出文本文件

使用mysql可以在命令行模式下执行SQL指令，也可将查询结果导入文本文件中。相比mysqldump 而言，mysql命令导出的结果可读性更强。使用mysql命令导出数据文本文件语句的基本格式如下：

```
mysql -u root -p [OPTIONS] -e|--execute= "SELECT语句"
数据库名称 > 备份文件.txt
```

其中，--execute选项表示执行该选项后面的语句并退出，后面的语句需要用双引号括起来；导出的文件中不同列之间使用制表符分隔，第1行包含各字段的名称。OPTIONS选项常用的参数有如下4项：

① -E|--vertical：文本文件中每行显示一个字段内容。

② -H|--html：导出的文件为HTML文件。

③ -X|--xml：导出的文件为XML文件。

④ -T|--table：以表格的形式导出数据。

【例8.9】使用mysql命令campus_management数据库中的department表导出为HTML文件。

```
mysql -u root -p -H -e "select * from department;"campus_management
>D:/back_department.html
```

命令执行完毕后，在D盘生成文件back_department.html文件，内容如图8-10所示。

id	department_name
120	经济管理学院
121	电气与电子工程学院
122	会计学院
123	外国语学院
124	信息技术学院
125	建设学院
126	工业自动化系
127	汽车工程系
128	艺术系
129	体育系
130	马克思主义学院
131	基础课教学研究部
132	产业学院
133	国际商学院

图 8-10　back_department.html 文件内容

4. 使用 Navicate 导出数据

连接MySQL数据库并选择数据库，在表或某个具体的数据表上右击，选择“导出向导”命令，选择导出的文件类型，单击“下一步”按钮，选择要导出的数据表并修改导出目录，选择要导出的字段，单击“下一步”按钮，单击“开始”按钮完成数据导出。

【例8.10】使用Navicate导出campus_management数据库中的school_student_

message数据表为HTML文件，操作步骤及结果如图8-11～图8-13所示。

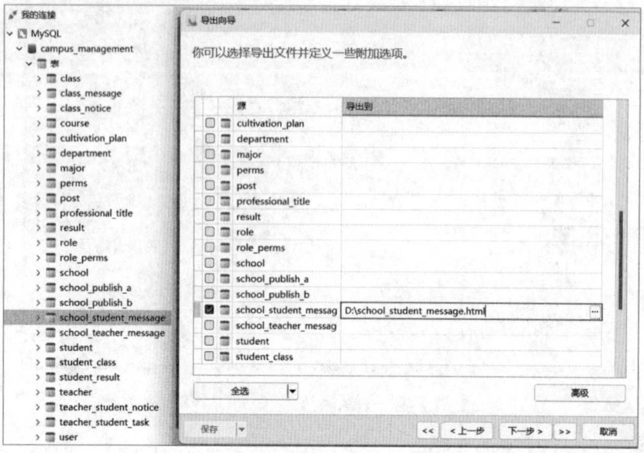

图 8-11　选择导出的数据表并指定导出位置

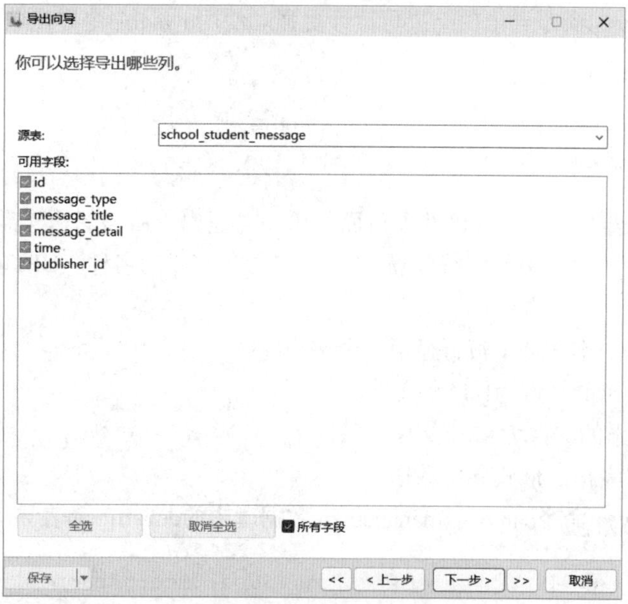

图 8-12　选择要导出的列

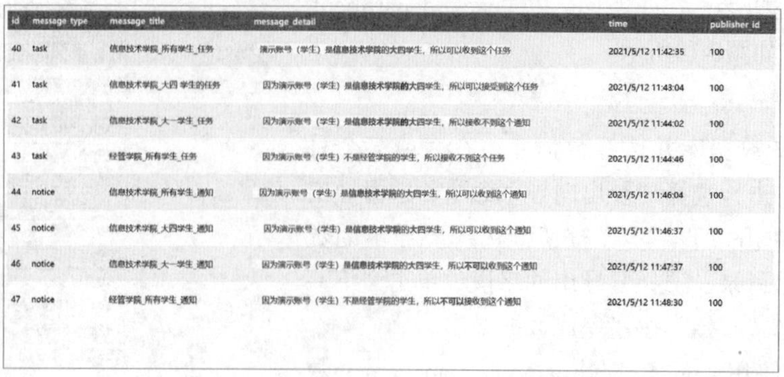

id	message_type	message_title	message_detail	time	publisher_id
40	task	信息技术学院_所有学生_任务	演示账号（学生）是信息技术学院的大四学生，所以可以收到这个任务	2021/5/12 11:42:35	100
41	task	信息技术学院_大四 学生的任务	因为演示账号（学生）是信息技术学院的大四学生，所以可以接受到这个任务	2021/5/12 11:43:04	100
42	task	信息技术学院_大一学生_任务	因为演示账号（学生）是信息技术学院的大四学生，所以接收不到这个通知	2021/5/12 11:44:02	100
43	task	经管学院_所有学生_任务	因为演示账号（学生）不是经管学院的学生，所以接收不到这个任务	2021/5/12 11:44:46	100
44	notice	信息技术学院_所有学生_通知	因为演示账号（学生）是信息技术学院的大四学生，所以可以收到这个通知	2021/5/12 11:46:04	100
45	notice	信息技术学院_大四学生_通知	因为演示账号（学生）是信息技术学院的大四学生，所以可以收到这个通知	2021/5/12 11:46:37	100
46	notice	信息技术学院_大一学生_通知	因为演示账号（学生）是信息技术学院的大四学生，所以不可以收到这个通知	2021/5/12 11:47:37	100
47	notice	经管学院_所有学生_通知	因为演示账号（学生）不是经管学院的学生，所以不可以接收到这个通知	2021/5/12 11:48:30	100

图 8-13　school_student_message.html 文件内容

8.3.2　数据的导入

MySQL数据库导入数据是数据库管理中的一个常见操作，它允许用户将外部数据批量导入MySQL数据库中。以下是MySQL数据库导入数据的两种常用方法：

1. 使用 LOAD DATA INFILE 语句导入

LOAD DATA INFILE语句用于高速地从一个文本文件中读取行，并装入一个表中，文件名称必须为字符串。具体语法如下：

```
LOAD DATA INFILE '/path/to/your/data.csv' INTO TABLE your_table
FIELDS TERMINATED BY ',' ENCLOSED BY '"'
LINES TERMINATED BY '\n'
IGNORE 1 ROWS;  -- 忽略第一行（通常是标题行）
```

参数说明：

① /path/to/your/data.csv指定还原数据的文件路径和文件名，可以是.csv或.txt等格式。your_table参数指数据要还原到的表的名称。

② FIELDS TERMINATED BY ',' ：设置字符串为字段的分隔符为“,”，可以替换为其他符号。

③ ENCLOSED BY ‘”’：设置字段的包围字符符号为““”。

④ LINES TERMINATED BY ‘\n’：设置每行数据结尾的字符，默认值为“\n”。

⑤ IGNORE 1 ROWS：忽略文件的前n行记录。

【例8.11】使用LOAD DATA INFILE命令将D:/major.txt中的记录导入test数据库的major表中。

```
LOAD DATA INFILE 'D:/major.txt' INTO TABLE major
FIELDS TERMINATED BY ',' ENCLOSED BY '" '
LINES TERMINATED BY '\n'
```

运行命令前，需要将major表中的数据清空。运行结果如下：

```
mysql>LOAD DATA INFILE 'D:/major.txt' INTO TABLE major
->FIELDS TERMINATED BY ',' ENCLOSED BY '"'
->LINES TERMINATED BY '\n';
Query OK, 35 rows affected(0.00 sec)
Records:35  Deleted:0  Skipped:0  Warnings:0
```

使用查询语句查询major表中的数据，结果如图8-14所示。

2. 使用 MySQLimport 命令导入

使用MySQLimport命令导入数据需要的导入文件与LOAD DATA命令一样，可以是.csv或.txt文件，并且不需要登录MySQL客户端。具体语法格式如下：

```
  MySQLimport -u 用户名 -p 数据库名 数据文件路径 --fields-terminated-by=','
--fields-enclosed-by='"' --lines-terminated-by=\r\n --ignore-lines=1
```

参数含义与LOAD DATA命令的参数相同。

【例8.12】使用MySQLimport命令，将D:/department.txt文件中的数据还原到test数据库中的department表中。

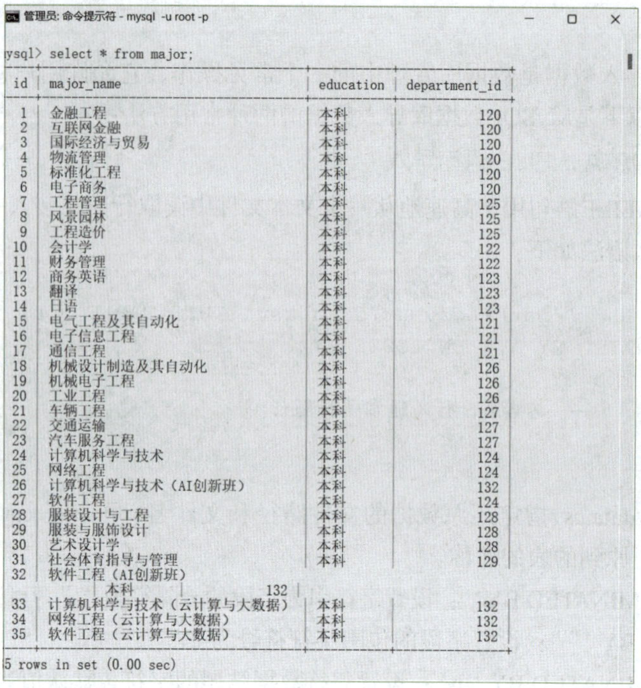

id	major_name	education	department_id
1	金融工程	本科	120
2	互联网金融	本科	120
3	国际经济与贸易	本科	120
4	物流管理	本科	120
5	标准化工程	本科	120
6	电子商务	本科	120
7	工程管理	本科	125
8	风景园林	本科	125
9	工程造价	本科	125
10	会计学	本科	122
11	财务管理	本科	122
12	商务英语	本科	123
13	翻译	本科	123
14	日语	本科	123
15	电气工程及其自动化	本科	121
16	电子信息工程	本科	121
17	通信工程	本科	121
18	机械设计制造及其自动化	本科	126
19	机械电子工程	本科	126
20	工业工程	本科	126
21	车辆工程	本科	127
22	交通运输	本科	127
23	汽车服务工程	本科	127
24	计算机科学与技术	本科	124
25	网络工程	本科	124
26	计算机科学与技术（AI创新班）	本科	132
27	软件工程	本科	124
28	服装设计与工程	本科	128
29	服装与服饰设计	本科	128
30	艺术设计学	本科	128
31	社会体育指导与管理	本科	129
32	软件工程（AI创新班）	本科	132
33	计算机科学与技术（云计算与大数据）	本科	132
34	网络工程（云计算与大数据）	本科	132
35	软件工程（云计算与大数据）	本科	132

图 8-14　major 表数据内容

首先在Navicate查询工具里使用下面语句导出department表中数据为文本文件：

```
SELECT * FROM department INTO OUTFILE 'D:/department.txt'
FIELDS TERMINATED BY ',' OPTIONALLY ENCLOSED BY '\"' ESCAPED BY '\''
LINES TERMINATED BY '\r\n'
```

确定department.txt文件已经存在后，在命令行窗口运行下列命令：

```
  MySQLimport -u root -p test D:/department.txt --fields-terminated-by=,
--fields-enclosed-by=\" --lines-terminated-by=\r\n --ignore-lines=1
```

执行命令之前需要清空test数据库中department表中的数据。

项目 8 实训：数据库备份与还原

1. 实训目的

①了解数据库备份和还原的原理。

②掌握数据库备份和还原的方法。

③掌握数据导出和导入的方法。

2. 实训内容

（1）备份实训

①设计一个简单的数据库，插入一些数据。

②使用mysqldump命令备份该数据库，并验证备份文件的完整性。

（2）还原实训

①创建一个新数据库，并将备份文件导入该数据库。

②确认数据是否完全恢复，并进行数据一致性检查。

（3）数据导入与导出实训

①准备包含数据的CSV文件，使用 LOAD DATA INFILE 命令导入MySQL数据库中。

②使用SELECT INTO OUTFILE命令将数据库表中的数据导出为CSV文件，并检查导出结果。

3. 实训小结

通过本实训，可理解数据库备份与还原的重要性及其实现原理，掌握使用mysqldump命令进行数据库备份及验证备份文件完整性的方法。学会如何将备份文件还原到新数据库中，并进行数据一致性检查，确保数据恢复无误。此外，还要掌握CSV文件与MySQL数据库之间的数据导入导出操作，通过LOAD DATA INFILE和SELECT INTO OUTFILE命令实现数据的灵活迁移与共享。

项目小结

本项目系统讲解了 MySQL 数据库的备份与还原、数据的导出与导入等核心操作。通过理论与实践相结合的方式，学生可掌握多种备份与还原的方法，包括命令行工具（如 mysqldump、MySQL）和图形化工具（如 Navicat）的使用，以及直接复制数据库文件的注意事项。此外，本项目还深入讲解了数据导出与导入的多种格式（如文本文件、CSV、HTML 等）及其操作步骤。

通过实训环节，学生不仅巩固了理论知识，还提升了实际操作能力。例如，备份数据库后验证文件的完整性、还原数据时确保一致性、处理导入导出过程中的格式兼容问题等，均为实际工作中的常见场景。这些技能对于未来从事数据库管理工作至关重要。

课后习题

一、选择题

1.在MySQL中，用于备份整个数据库（包括所有表和数据）的常用命令是（　　）。

A. mysqldump　　B. MySQLbackup

C. copy　　D. export

2.当使用mysqldump命令备份数据库时，默认情况下，生成的备份文件是（　　）格式。

A. sql　　B. csv

C. txt　　D. json

3.要将MySQL数据库中的数据导出到CSV文件中，通常使用（　　）命令或工具。

A. mysqldump　　B. SELECT ... INTO OUTFILE

C. MySQLimport　　D. LOAD DATA INFILE

4.在MySQL中，用于还原（或导入）之前使用mysqldump命令创建的备份文件的命令是（　　）。

A. MySQLimport　　B. MySQL

C. source　　D. restore

5.当使用LOAD DATA INFILE命令从CSV文件导入数据时，必须确保MySQL服务器的（　　）配置被正确设置。

A. local-infile　　B. secure-file-priv

C. max_allowed_packet　　D. read_only

二、填空题

使用mysqldump命令备份名为mydatabase的数据库，并将备份文件保存为mydatabase_backup.sql，应使用的命令是：mysqldump -u [username] -p[password] [______________] > mydatabase_backup.sql。

三、简答题

1.简述使用mysqldump命令备份MySQL数据库的基本步骤，并说明为什么要进行数据库备份。

2.请描述MySQL数据库还原（从.sql备份文件）的基本步骤，并说明在还原过程中可能遇到的常见问题及解决方法。

项目 9 数据库用户权限管理

学习目标

◎知识目标

- 掌握查看用户的方法。
- 掌握添加、删除用户的方法。
- 掌握修改用户名及密码的方法。
- 理解权限的基本概念。
- 熟悉不同权限的作用及使用规则。
- 掌握赋予权限的基本操作。
- 掌握查看权限的基本操作。
- 掌握撤回权限的基本操作。

◎能力目标

- 具有用户角色管理的能力。
- 具有权限审核和调整分配的能力。

◎素质目标

• 通过用户权限管理的学习，让学生理解在数据库管理时为确保数据库的安全性，要及时删除不需要的用户，同时根据用户特点赋予权限，以免部分用户滥用权限，使数据库数据出现问题，从而提高学生的数据安全意识和责任感。

• 为保证数据库安全稳定运行，要求学生必须具有学习能力，不断提升自我水平，同时具有团队协作能力，及时沟通，共同解决数据库中的用户权限问题。

项目简介

本项目从数据库的安全性出发，通过对用户管理和权限管理两部分内容的学习，使读者充分了解数据库安全管理的重要性。通过对本项目的学习，要求掌握用户查看、创建、删除、重命名、修改密码操作，以及权限的赋予、查看、撤回操作。

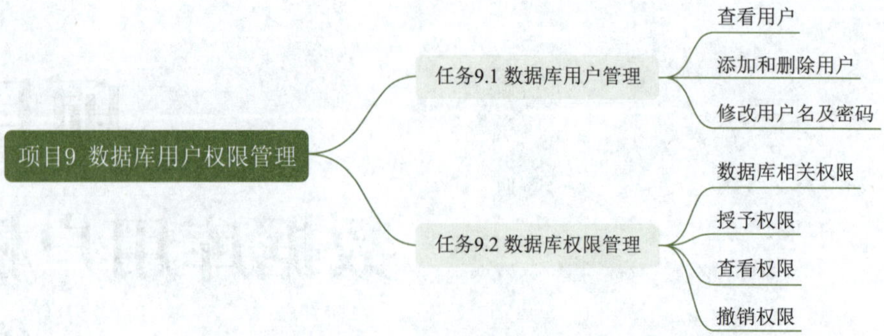

任务 9.1　数据库用户管理

9.1.1　查看用户

在MySQL中，所有的用户账户信息一般都存放在mysql.user表中，如果需要对用户进行查询，则在该表中查询即可。

1. 查看当前登录用户

可以使用SELECT语句查询当前登录用户。基本格式如下：

```
SELECT USER();
```

【例9.1】查看当前登录用户，可以看到当前登录用户为root用户，如图9-1所示。

```
mysql> SELECT USER();
+----------------+
| USER()         |
+----------------+
| root@localhost |
+----------------+
1 row in set (0.00 sec)
```

图 9-1　查看当前登录用户

2. 查看 user 表中所有用户

可以使用SELECT语句查询mysql.user表中的所有用户。基本格式如下：

```
SELECT user, host FROM mysql.user;
```

【例9.2】查看所有用户信息，如图9-2所示。

```
mysql> SELECT user, host FROM mysql.user;
+------------------+-----------+
| user             | host      |
+------------------+-----------+
| mysql.infoschema | localhost |
| mysql.session    | localhost |
| mysql.sys        | localhost |
| root             | localhost |
+------------------+-----------+
4 rows in set (0.00 sec)
```

图 9-2　查看所有用户信息

9.1.2　添加和删除用户

在MySQL中，添加和删除用户通过使用CREATE USER和DROP USER语句来完成。

1. 添加用户

CREATE USER语句用于在MySQL中创建新用户。基本格式如下：

```
CREATE USER 用户名@登录主机 IDENTIFIED BY 密码;
```

【例9.3】创建用户test1和test2，如图9-3所示。

视 频

例9.3

```
mysql> CREATE USER test1@localhost  IDENTIFIED BY '123456';
Query OK, 0 rows affected (0.01 sec)

mysql> CREATE USER test2@localhost  IDENTIFIED BY '123456';
Query OK, 0 rows affected (0.01 sec)
```

图 9-3　创建用户

创建完成后通过查询mysql.user表，检查是否创建成功，如图9-4所示。

```
mysql> SELECT user, host FROM mysql.user;
+------------------+-----------+
| user             | host      |
+------------------+-----------+
| mysql.infoschema | localhost |
| mysql.session    | localhost |
| mysql.sys        | localhost |
| root             | localhost |
| test1            | localhost |
| test2            | localhost |
+------------------+-----------+
6 rows in set (0.00 sec)
```

图 9-4　查询 mysql.user 表

2. 删除用户

DROP USER语句用于在MySQL中删除用户。基本格式如下：

```
DROP USER 用户名@登录主机;
```

【例9.4】删除用户test2，并检查是否删除成功，如图9-5所示。

```
mysql> DROP USER test2@localhost;
Query OK, 0 rows affected (0.01 sec)

mysql> SELECT user, host FROM mysql.user;
+------------------+-----------+
| user             | host      |
+------------------+-----------+
| mysql.infoschema | localhost |
| mysql.session    | localhost |
| mysql.sys        | localhost |
| root             | localhost |
| test1            | localhost |
+------------------+-----------+
5 rows in set (0.00 sec)
```

图 9-5　删除用户

9.1.3　修改用户名及密码

1. 修改用户名

RENAME USER语句用于在MySQL中修改用户名。基本格式如下：

```
RENAME USER  原用户名@登录主机  TO  新用户名@登录主机;
```

【例9.5】将用户test1重命名为test3，并检查是否重命名成功，如图9-6所示。

视 频

例9.5

```
mysql> RENAME USER  test1@localhost  TO  test3@localhost;
Query OK, 0 rows affected (0.01 sec)

mysql> SELECT user, host FROM mysql.user;
+------------------+-----------+
| user             | host      |
+------------------+-----------+
| mysql.infoschema | localhost |
| mysql.session    | localhost |
| mysql.sys        | localhost |
| root             | localhost |
| test3            | localhost |
+------------------+-----------+
5 rows in set (0.00 sec)
```

图 9-6　为用户重命名

2. 修改用户密码

SET PASSWORD语句用于在MySQL中修改用户密码。基本格式如下：

```
SET PASSWORD FOR 用户名@登录主机 = "新密码";
```

【例9.6】为test3重新设置密码为“654321”，如图9-7所示。

```
mysql> SET PASSWORD FOR test3@localhost= "654321";
Query OK, 0 rows affected (0.01 sec)
```

图 9-7　重新设置密码

使用原密码登录发现登录失败，使用新密码登录则登录成功，如图9-8所示。

```
C:\Users\24535>mysql -u test3 -p
Enter password: ******
ERROR 1045 (28000): Access denied for user 'test3'@'localhost' (using password: YES)

C:\Users\24535>mysql -u test3 -p
Enter password: ******
Welcome to the MySQL monitor.  Commands end with ; or \g.
Your MySQL connection id is 33
Server version: 8.0.38 MySQL Community Server - GPL

Copyright (c) 2000, 2024, Oracle and/or its affiliates.

Oracle is a registered trademark of Oracle Corporation and/or its
affiliates. Other names may be trademarks of their respective
owners.

Type 'help;' or '\h' for help. Type '\c' to clear the current input statement.
```

图 9-8　登录测试

任务 9.2　数据库权限管理

9.2.1　数据库相关权限

MySQL数据库的权限管理是一个复杂但至关重要的部分，它确保了数据的安全性和系统的稳定性。权限管理在数据库管理、系统安全，以及多用户环境中具有极其重要的意义。

进行数据权限管理的主要原因有如下几方面：

1. 数据安全性

权限管理可以确保只有授权用户才能访问、修改或删除敏感数据。通过权限管理有助于防止数据泄露、破坏或数据的不当使用，从而保护数据安全。

2. 系统稳定性

不当的数据库操作，可能会导致系统崩溃或数据不一致，如果未经授权对数据进行删除或者随意对不可更改数据进行修改，都会对数据库造成一定的影响。通过权限管理，可以限制用户对数据库的操作权限，减少因误操作而引发的系统问题。

3. 合理分配资源

在多用户的使用环境中，不同用户可能需要访问数据库的不同部分、使用数据库的不同资源。权限管理可以根据用户的职责和需求，对资源进行合理分配，确保每个用户都能获得所需的数据，同时避免资源的浪费和冲突。

4. 遵守法规和政策

许多行业和地区都有关于数据保护和隐私的法规和政策。通过实施权限管理，可以确保数据库使用者遵守这些规定，避免因违反法规而面临的罚款、诉讼等风险。

5. 提升用户体验

通过合理的权限管理，可以为不同用户定制个性化的访问界面和操作权限。减少用户因权限不足或过多而导致的困扰和误解，从而提升工作效率。

9.2.2　授予权限

1. 全局权限

全局权限作用于整个MySQL服务器，而不是单个数据库或表。这些权限通常用于管理系统级别的操作，如用户管理、服务器状态查看等，见表9-1。

表9-1　全局权限表

权　限	作　用
CREATE USER	允许创建新的MySQL用户
DROP USER	允许删除已存在的MySQL用户
RELOAD	允许重新加载服务器设置，如权限表或配置文件
SHUTDOWN	允许关闭MySQL服务器
PROCESS	允许查看MySQL服务器中当前运行的所有进程
SUPER	允许执行一些高级管理操作，如更改全局变量、杀死其他用户的线程等
ALL PRIVILEGES	允许执行所有全局级别的权限操作

2. 数据库权限

数据库权限作用于特定的数据库，允许用户在该数据库上进行一系列操作，见表9-2。

表 9-2　数据库权限表

权　限	作　用
CREATE	允许在数据库中创建新的表或视图
DROP	允许删除数据库中的表或视图
ALTER	允许修改数据库中表的结构，如添加、删除或修改列
INDEX	允许在表上创建或删除索引
LOCK TABLES	允许对数据库中的表进行锁定操作
CREATE ROUTINE	允许在数据库中创建存储过程和函数
ALTER ROUTINE	允许修改或删除数据库中的存储过程和函数

3. 表权限

表权限作用于数据库中的特定表，允许用户对表进行更细致的操作，见表9-3。

表 9-3　表权限表

权　限	作　用
SELECT	允许从表中检索数据
INSERT	允许向表中插入新行
UPDATE	允许更新表中的现有行
DELETE	允许从表中删除行
TRIGGER	允许创建或删除触发器
CREATE VIEW	允许基于表创建视图
SHOW VIEW	允许查看视图的定义

4. 权限的授予

在MySQL中，权限授予通常使用GRANT语句。基本格式如下：

```
GRANT 权限列表 ON 数据库名.表名 TO 用户名@登录主机  [WITH GRANT OPTION];
```

①权限列表：指定要授予的权限，如SELECT、INSERT、UPDATE、DELETE等，也可以使用ALL PRIVILEGES表示所有权限。

②数据库名.表名：指定权限作用的对象，可以使用*.*表示所有数据库和表。

③用户名@登录主机：指定用户及其登录主机，%通配符表示任何主机。

④WITH GRANT OPTION：可选，表示允许被授予权限的用户将其拥有的权限授予其他用户。

视频

例9.7

【例9.7】赋予test1用户所有权限，并允许其将拥有的权限授予其他用户，如图9-9所示。

```
mysql> GRANT ALL PRIVILEGES ON *.* TO test1@localhost WITH GRANT OPTION;
Query OK, 0 rows affected (0.01 sec)
```

图 9-9　为用户赋权

登录test1用户创建test2用户，检查test1用户是否具有创建新用户的权限，如图9-10所示。

```
C:\Users\24535>mysql -u test1 -p
Enter password: ******
Welcome to the MySQL monitor.  Commands end with ; or \g.
Your MySQL connection id is 19
Server version: 8.0.38 MySQL Community Server - GPL

Copyright (c) 2000, 2024, Oracle and/or its affiliates.

Oracle is a registered trademark of Oracle Corporation and/or its
affiliates. Other names may be trademarks of their respective
owners.

Type 'help;' or '\h' for help. Type '\c' to clear the current input statement.

mysql> CREATE USER test2@localhost  IDENTIFIED BY '123456';
Query OK, 0 rows affected (0.02 sec)

mysql> SELECT user, host FROM mysql.user;
+------------------+-----------+
| user             | host      |
+------------------+-----------+
| mysql.infoschema | localhost |
| mysql.session    | localhost |
| mysql.sys        | localhost |
| root             | localhost |
| test1            | localhost |
| test2            | localhost |
| user1            | localhost |
| user2            | localhost |
+------------------+-----------+
8 rows in set (0.00 sec)
```

图 9-10　用户创建用户

【例9.8】赋予test2用户在course表SELECT权限，如图9-11所示。

```
mysql> GRANT SELECT  ON campus_management.course TO test2@localhost;
Query OK, 0 rows affected (0.01 sec)
```

图 9-11　为用户赋权

登录test2用户，并在智慧校园数据库中查询course表信息，如图9-12所示。

```
mysql> USE campus_management
Database changed
mysql> SELECT * FROM course;
+--------+--------------------------------------------+---------------+
| id     | course_name                                | course_nature |
+--------+--------------------------------------------+---------------+
| 121227 | Java程序设计                                | 必修课         |
| 121939 | 大学英语（一）                               | 必修课         |
| 121941 | 高等数学（一）                               | 必修课         |
| 122178 | 计算机导论                                   | 必修课         |
| 61003  | 军训及入学教育                               | 必修课         |
| G10010 | 职业规划与就业指导                           | 必修课         |
| G10011 | 思想道德修养与法律基础                       | 必修课         |
| G1001G | 大学体育（一）                               | 必修课         |
| G10020 | 创业基础                                     | 必修课         |
| G10021 | 马克思主义基本原理概论                       | 必修课         |
| G10023 | 大学英语（二）                               | 必修课         |
| G10025 | 高等数学（二）                               | 必修课         |
| G1002G | 大学体育（二）                               | 必修课         |
| G10031 | 中国近现代史纲要                             | 必修课         |
| G10033 | 大学英语（三）                               | 必修课         |
| G1003G | 大学体育（三）                               | 必修课         |
| G10041 | 毛泽东思想和中国特色社会主义理论体系概论     | 必修课         |
| G1004G | 大学体育（四）                               | 必修课         |
| G10051 | 形势与政策                                   | 必修课         |
| G10105 | 离散数学                                     | 必修课         |
| G10125 | 工程数学                                     | 必修课         |
```

图 9-12　查询表信息

9.2.3 查看权限

在MySQL中，使用SHOW GRANTS语句可以查看MySQL用户的权限。基本格式如下：

```
SHOW GRANTS [FOR 用户名@登录主机];
```

用户名@登录主机：指定要查看权限的用户及其登录主机。如果不指定用户，则默认显示当前用户的权限。

【例9.9】使用SHOW GRANTS查看当前用户的权限，如图9-13所示。

```
mysql> SHOW GRANTS;
+-------------------------------------------------------------------------------
--------------------------------------------------------------------------------
--------------------------------------------------------------------------------
--------------------------------------------------------------------------------
--------------------------------------------------------------------------------
--------------------------------------------------------------------------------
----------------------------------------------+
| Grants for root@localhost
```

图 9-13 查看当前用户权限

可以看到查询内容为root用户权限，因权限内容较长未截取详细权限。

【例9.10】使用SHOW GRANTS查看用户test1的权限，如图9-14所示。

```
mysql> SHOW GRANTS FOR test1@localhost;
+-------------------------------------------------------------------------------
--------------------------------------------------------------------------------
--------------------------------------------------------------------------------
--------------------------------------------------------------------------------
--------------------------------------------------------------------------------
--------------------------------------------------------------------------------
----------------------------------------------+
| Grants for test1@localhost
```

图 9-14 查看指定用户权限

可以看到查询内容为test1用户权限，因权限内容较长未截图详细权限。

9.2.4 撤销权限

在MySQL中，撤销权限使用REVOKE语句，该语句用于移除之前通过GRANT语句授予的权限。基本格式如下：

```
REVOKE 权限列表 ON 数据库名.表名 FROM 用户名@登录主机;
```

①权限列表：指定要撤销的权限，可以是单个权限或多个权限（用逗号分隔），或使用ALL PRIVILEGES表示所有权限。

②数据库名.表名：指定权限作用的对象，可以使用*.*表示所有数据库和表。

③用户名@登录主机：指定要撤销权限的用户及其登录主机。

【例9.11】撤销test1用户所有权限，如图9-15所示。

```
mysql> REVOKE ALL PRIVILEGES ON *.* FROM test1@localhost;
Query OK, 0 rows affected (0.01 sec)
```

图 9-15 撤销指定用户所有权限

撤销权限后登录test1用户，并创建test3用户，此时可以看到，test1用户已没有创建用户权限，如图9-16所示。

```
C:\Users\24535>mysql -u test1 -p
Enter password: ******
Welcome to the MySQL monitor.  Commands end with ; or \g.
Your MySQL connection id is 27
Server version: 8.0.38 MySQL Community Server - GPL

Copyright (c) 2000, 2024, Oracle and/or its affiliates.

Oracle is a registered trademark of Oracle Corporation and/or its
affiliates. Other names may be trademarks of their respective
owners.

Type 'help;' or '\h' for help. Type '\c' to clear the current input statement.

mysql> CREATE USER test3@localhost  IDENTIFIED BY '123456';
ERROR 1227 (42000): Access denied; you need (at least one of) the CREATE USER privilege(s)
```

图 9-16　权限测试

【例9.12】撤销test2用户在course表SELECT权限，并在智慧校园数据库中查看结果，如图9-17所示。

```
mysql> REVOKE SELECT ON campus_management.course FROM test2@localhost;
Query OK, 0 rows affected (0.00 sec)
```

图 9-17　撤销指定用户部分权限

撤销权限后登录test2用户，查询course表，提示没有权限，如图9-18所示。

```
mysql> use  campus_management
Database changed
mysql> SELECT * FROM course;
ERROR 1142 (42000): SELECT command denied to user 'test2'@'localhost' for table 'course'
```

图 9-18　权限测试

项目 9 实训：用户及权限操作

1. 实训目的

①掌握用户管理基本操作。

②掌握权限管理基本操作。

2. 实训内容

①创建用户zhangsan，并为其设置密码123456。

②为zhangsan用户赋予所有权限。

③使用zhangsan用户登录数据库，并创建用户lisi和用户wangwu，并将其密码都设置为123456。

④将用户lisi的密码修改为654321。

⑤查看所有用户，确定是否有zhangsan、lisi、wangwu三个用户。

⑥为lisi赋予CREATE、DROP、ALTER、INDEX四个权限。

⑦为wangwu赋予SELECT、INSERT、UPDATE、DELETE四个权限。

⑧登录lisi用户，使用智慧校园数据库创建校园文化活动表，表结构自定义。

⑨查看校园文化活动表是否创建成功。

⑩登录wangwu用户为校园文化活动表插入两条数据。

⑪查看数据是否插入成功。

⑫收回用户lisi的权限，并验证是否成功收回权限。

⑬删除用户wangwu，并验证是否成功删除。

3. 实训小结

本实训内容基本涵盖了本项目的重要知识点，需要多加练习，熟悉用户管理的基本操作以及权限管理的基本操作。通过本实训的练习，能够在工作中进行用户角色管理，熟悉用户的基本类型及操作权限，从而对用户的权限进行审核，进行权限调整，合理分配权限，确保数据库稳定运行。

项目小结

本项目分为数据库用户管理和数据库权限管理两部分。通过对这两部分的内容理论学习和实训练习，学生对数据库的安全性有了充分的理解，同时也能够充分掌握数据库在用户管理和权限管理部分的技术技能。本项目主要通过用户查看、创建、删除、重命名、修改密码等操作来进行，学生能够在学中练、练中学，从而充分理解数据库安全，并能够为数据库安全做出相应的操作。

课后习题

一、选择题

1.以下（　　）不是数据库用户权限管理的主要任务。

A. 创建和删除用户　　B. 分配和撤销权限

C. 设计数据库结构　　D. 监控用户活动

2.在SQL Server中，要为用户分配访问特定表的权限，通常使用（　　）语句。

A. CREATE USER　　B. GRANT

C. REVOKE　　D. DENY

3.下列（　　）不是数据库安全策略的一部分。

A. 访问控制　　B. 数据加密

C. 定期备份　　D. 权限无限制分配

二、填空题

1.数据库用户权限管理的主要目的是确保数据的__________性和__________性。

2.在MySQL中，使用__________语句可以修改现有用户的密码。

3.在MySQL中，赋予用户权限的关键字是__________。

三、操作题

1.修改用户密码：创建一个新用户user1，并为其设置密码为oldSecurePassword，修改密码为newSecurePassword。请写出相应的SQL语句。

2.分配权限：为名为user1的用户分配对智慧校园数据库中student表的SELECT权限。请写出完成此操作的SQL语句。

3.删除用户并检查：删除一个名为user1的用户，并检查该用户是否已成功删除。请写出删除用户的SQL语句，并描述如何验证用户是否已被删除。

项目 10 JavaWeb 程序操作 MySQL 数据库

学习目标

◎知识目标

- 了解 TKMybatis 操作 MySQL 的原理。
- 理解 TKMybatis 操作 MySQL 的流程。
- 掌握 Mapper 访问和操作 MySQL 数据库。
- 掌握使用 Mapper 对数据进行增删改查操作。

◎能力目标

- 具备使用 TKMybatis 操作 MySQL 数据库的能力。
- 具备使用 Mapper 对数据进行增删改查的能力。
- 能够运用 TKMybatis 对网上书城系统实现数据操作。
- 能够运用 TKMybatis 实现简单的网站项目后台管理。

◎素质目标

- 通过了解 TKMybatis 框架操作 MySQL 的原理及操作流程，让学生学会使用 Springboot+TKMybatis 框架更加方便地操作 MySQL 数据库。

项目简介

在 JavaWeb 开发中目前较为流行的是 Spring Boot，它作为一种简化 Spring 应用开发的框架，提供了一整套约定和配置来帮助开发者快速构建和部署应用。在一个典型的 Spring Boot 项目中，常见的架构分层包括 Controller、Service、Mapper 和 Entity 层。这些层次各自承担不同的职责，并通过紧密协作实现应用功能。TKMybatis 是一款优秀的持久层框架，它支持自定义 SQL、存储过程以及高级映射。TKMybatis 几乎免除了所有的 JDBC 代码以及设置参数和获取结果集的工作。可以通过简单的 XML 或注解来配置和映射原始类型、接口。

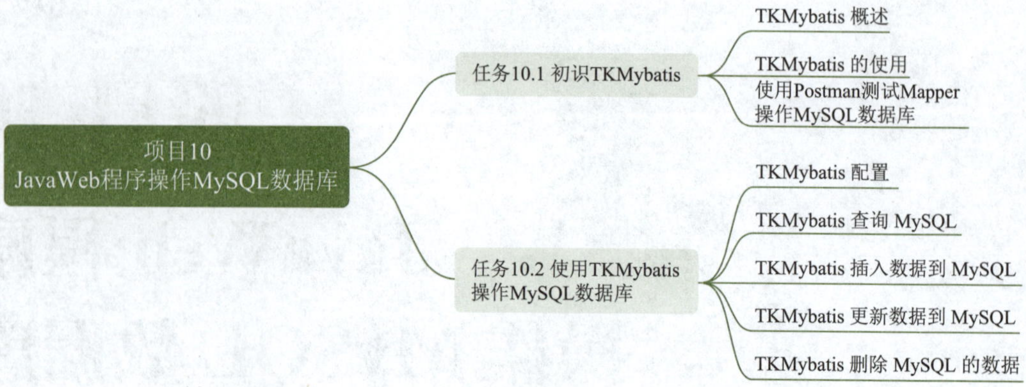

任务 10.1　初识 TKMybatis

10.1.1　TKMybatis 概述

TKMybatis是基于Mybatis框架开发的一个工具，其内部实现了对单表的基本数据操作，极大地提高了项目开发效率。TKMybatis是一个MyBatis的通用Mapper工具，通过调用它提供的方法实现对单表的数据操作，无须编写任何SQL语句。它减少了对单表操作的重复编码工作，使开发者能够更专注于业务逻辑的实现。其特点为：①只需要简单继承TKMybatis提供的接口，就能够实现无须编写任何SQL即能完成单表操作。②通过封装基本的单表操作，减少了重复编写SQL语句的工作量，提高了开发效率。③虽然主要面向单表操作，但对于复杂的SQL语句，如JOIN操作等，仍然支持自行编写XML文件和SQL语句。

10.1.2　TKMybatis 的使用

TKMybatis首先需要加入依赖：在Spring Boot项目中，通过在pom.xml文件中加入TKMybatis的依赖项，即可开始使用。其次，需要实体类映射：使用注解来映射数据库表和实体对象之间的关系。再次创建Mapper接口，继承tk.mybatis.mapper.common.Mapper接口，即可获得一系列单表操作的方法。最后，在Service层中，通过调用Mapper接口中的方法，实现对数据库的单表操作。

10.1.3　使用 Postman 测试 Mapper 操作 MySQL 数据库

在JavaWeb开发中写完接口后一般通过测试工具进行接口测试，本书以Postman测试工具对Mapper接口进行操作MySQL的测试。其流程如图10-1所示。

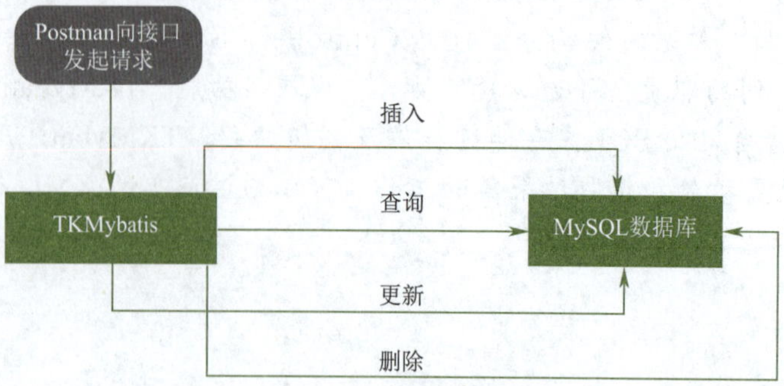

图 10-1　测试流程图

任务 10.2　使用 TKMybatis 操作 MySQL 数据库

10.2.1　TKMybatis 配置

首先在pom.xml进行maven配置，如图10-2所示。

```
<dependency>
    <groupId>org.mybatis.spring.boot</groupId>
    <artifactId>mybatis-spring-boot-starter</artifactId>
    <version>2.3.1</version>
</dependency>

<!--mapper-->
<dependency>
    <groupId>tk.mybatis</groupId>
    <artifactId>mapper-spring-boot-starter</artifactId>
    <version>2.1.5</version>
    <exclusions>
        <exclusion>
            <groupId>org.mybatis.spring.boot</groupId>
            <artifactId>mybatis-spring-boot-starter</artifactId>
        </exclusion>
    </exclusions>
</dependency>
```

图 10-2　配置 maven

Maven配置好后会进行Mybatis的下载。接着对application.properties进行配置包括（数据库链接地址、数据源驱动、数据库用户名、数据库密码、Mybatis编写sql语句的xml文件、存放数据库表数据的Java实体类的别名包扫描操作），对MySQL数据库进行连接，如图10-3所示。

```
server.servlet.context-path=/stusys
server.port=8091

spring.datasource.url=jdbc:mysql://127.0.0.1:3306/campus_management?\
characterEncoding=utf8&useUnicode=true&useSSL=false&autoReconnect=true

spring.datasource.driver-class-name=com.mysql.cj.jdbc.Driver

spring.datasource.username=root
spring.datasource.password=123456

mybatis.mapper-locations=classpath:mapper/*.xml

mybatis.type-aliases-package=com.example.bean
```

图 10-3　配置 properties

10.2.2　TKMybatis 查询 MySQL

使用TKMybatis查询MySQL数据库需要分以下6个步骤来完成：

①新建JavaBean文件Studnet.java，设置属性id、name、sex、age、year、class_id、major_id的setter和getter，如图10-4所示。

```
public class Student {
    3 个用法
    private BigInteger id;
    3 个用法
    private String name;
    3 个用法
    private String sex;
    3 个用法
    private Integer age;
    3 个用法
    private Integer year;
    3 个用法
    private Integer class_id;
    3 个用法
    private Integer major_id;

    1 个用法
    public Student() {}

    public BigInteger getId() { return id; }

    public void setId(BigInteger id) { this.id = id; }

    public String getName() { return name; }

    public void setName(String name) { this.name = name; }

    public String getSex() { return sex; }

    public void setSex(String sex) { this.sex = sex; }
```

图 10-4　创建 JavaBean

②新建StudentController.java文件并设置路由和接口。其接口全路径为http://localhost:8091/stusys/student/search代码，如图10-5所示。

```
package com.example.controller;

import com.example.bean.JsonResult;
import com.example.service.StudentService;
import org.springframework.beans.factory.annotation.Autowired;
import org.springframework.web.bind.annotation.RequestMapping;
import org.springframework.web.bind.annotation.RestController;

@RestController
@RequestMapping("/student")
public class StudentController {
    1 个用法
    @Autowired
    StudentService studentService;

    @RequestMapping("/search")
    public JsonResult search(){
        JsonResult res = studentService.search();
        return res;
    }
}
```

图 10-5　创建搜索接口路径

③新建StudentService.java文件,设置studentService的search()方法。其代码如图10-6所示。

```
import com.example.bean.Student;
import com.example.bean.User;
import com.example.mapper.StudentMapper;
import org.springframework.beans.factory.annotation.Autowired;
import org.springframework.stereotype.Service;

import java.util.List;

2 个用法
@Service
public class StudentService {
    1 个用法
    @Autowired
    private StudentMapper studentMapper;

    1 个用法
    public JsonResult search(){
        JsonResult jsonResult=new JsonResult();
        List<Student> datalist=studentMapper.search();
        jsonResult.setData(datalist);
        jsonResult.setStatus(200);
        return jsonResult;
    }

}
```

图 10-6　创建搜索 Service

④新建StudentMapper.java文件，并新建mapper中的search()方法，返回值可能为多行数据，则设置返回类型为List类型。其代码如图10-7所示。

```
package com.example.mapper;

import com.example.bean.Student;
import com.example.utils.MyMapper;
import org.apache.ibatis.annotations.Mapper;

import java.util.List;

3 个用法
@Mapper
public interface StudentMapper extends MyMapper<Student> {
    1 个用法
    public List<Student> search();
}
```

图 10-7　创建搜索 Mapper

⑤新建StudentMapper.xml文件，并写入查询语句代码中。namespace表示当前的xml文件和哪个mapper接口是绑定对应的。其代码如图10-8所示。

```
<?xml version="1.0" encoding="UTF-8" ?>
<!DOCTYPE mapper PUBLIC "-//mybatis.org//DTD Mapper 3.0//EN" "http://mybatis.org/dtd/mybatis-3-mapper.dtd" >
<!--
  namespace : 表示当前的xml文件和哪个mapper接口是绑定对应的，mapper接口的全类名（全限定名），即带包名的类名
-->
<mapper namespace="com.example.mapper.StudentMapper">

    <select id="search" resultType="Student">
        select * from student;
    </select>
```

图 10-8　创建搜索 Mapper 的 xml 配置

⑥使用Postman对search接口进行测试。具体使用GET方法，接口URL地址为 http://localhost:8091/stusys/student/search，其测试结果如图10-9所示。

图 10-9　Postman 测试 search 接口

10.2.3　TKMybatis 插入数据到 MySQL

使用TKMybatis插入数据到MySQL数据库需要分以下6个步骤来完成：

①设置controller。添加add接口路由，代码如下：

```
@RequestMapping("/add")
public JsonResult add(@RequestBody Student student){
    JsonResult result = studentService.add(student);
    return result;
}
```

②设置service。调用mapper，如果添加成功，则返回200状态码；如果失败，则返回202状态码。代码如下：

```
public JsonResult add(Student student){
     int add=studentMapper.add(student);
     if (add>0){
           return new JsonResult(200,"添加成功", "");
     }else{
          return new JsonResult(202, “添加失败”, “添加错误”);
     }
}
```

③设置Mapper:

```
public Integer add(Student student);
```

④在StudentMapper.xml中设置SQL语句：

```
<insert id="add" parameterType="com.example.bean.Student">
     insert into student values (null, #{name}, #{sex}, #{age}, #{year},
#{class_id}, #{major_id});
</insert>
```

⑤使用Postman对add接口进行测试。具体使用POST方法，接口URL地址为http://localhost:8091/stusys/student/add；其测试结果如图10-10所示。

图 10-10　Postman 测试 add 接口

⑥查询数据库发现{"id":1712402704061,"name":"昌怜一","sex":"男","age":18,"year":2017,"class_id":1213,"major_id":24} 这条数据已经插入MySQL数据库，如图10-11所示。

1712402704052	张鸿杰	(Null)	(Null)	2017	(Null)	27
1712402704053	张勇怀	(Null)	(Null)	2017	(Null)	27
1712402704054	张晨华	(Null)	(Null)	2017	(Null)	27
1712402704055	郑琦蓉	(Null)	(Null)	2017	(Null)	27
1712402704056	郑侨鑫	(Null)	(Null)	2017	(Null)	27
1712402704057	周贵有	(Null)	(Null)	2017	(Null)	27
1712402704058	周俊运	(Null)	(Null)	2017	(Null)	27
1712402704059	周维明	(Null)	(Null)	2017	(Null)	27
1712402704060	邹海珍	(Null)	(Null)	2017	(Null)	27
1712402704061	昌怜一	男	18	2017	1213	24

图 10-11　查询数据的插入

10.2.4　TKMybatis 更新数据到 MySQL

使用TKMybatis更新数据到MySQL数据库，目前需要把id为1712402704061的行，其name值更新为“小军”，年龄更新为19，则需要分以下6个步骤来完成：

①设置接口路径，在controller中设置接口访问方式为POST方法。设置接口地址为http://localhost:8091/stusys/student/update，则代码为:

```
@RequestMapping("/update")
public JsonResult update(@RequestBody Student student){
     JsonResult result=studentService.update(student);
     return result;
}
```

②设置service中的update()方法并调用Mapper中的update()方法。如果更新成功，则返回200状态码；如果失败，则返回202状态码。代码如下：

```
public JsonResult update(Student student){
     int update=studentMapper.update(student);
     if (update>0){
            return new JsonResult(200,"更新成功","");
    }else{ return new JsonResult(202,"更新失败","更新错误");}
}
```

③设置mapper中的update()方法。其代码如下:

```
public Integer update(Student student);
```

④设置mapper.xml中的SQL语句:

```
<update id="update">update student set name=#{name},sex=#{sex},
age=#{age},year=#{year},class_id=#{class_id}, major_id=#{major_id} where id =
#{id};
</update>
```

⑤使用Postman进行接口测试，如图10-12所示。

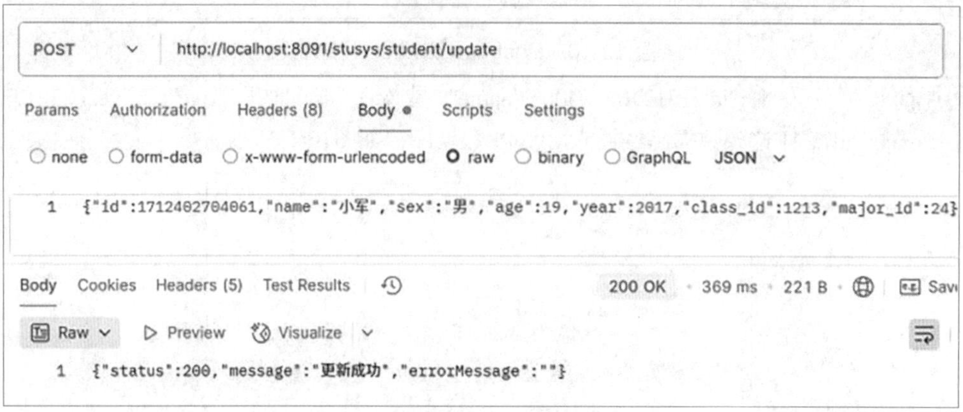

图 10-12　Postman 测试 update 接口

⑥查询数据库，id为1712402704061的数据已经更新成功，表面接口测试成功，如图10-13所示。

1712402704049	杨绍科	(Null)	(Null)	2017	(Null)	27
1712402704050	杨潇	(Null)	(Null)	2017	(Null)	27
1712402704051	叶子彬	(Null)	(Null)	2017	(Null)	27
1712402704052	张鸿杰	(Null)	(Null)	2017	(Null)	27
1712402704053	张勇怀	(Null)	(Null)	2017	(Null)	27
1712402704054	张展华	(Null)	(Null)	2017	(Null)	27
1712402704055	郑琦蓉	(Null)	(Null)	2017	(Null)	27
1712402704056	郑侨鑫	(Null)	(Null)	2017	(Null)	27
1712402704057	周贵有	(Null)	(Null)	2017	(Null)	27
1712402704058	周俊运	(Null)	(Null)	2017	(Null)	27
1712402704059	周维明	(Null)	(Null)	2017	(Null)	27
1712402704060	邹海珍	(Null)	(Null)	2017	(Null)	27
1712402704061	小军	男	19	2017	1213	24

图 10-13　查询数据的更新

10.2.5　TKMybatis 删除 MySQL 的数据

使用TKMybatis删除MySQL中的数据。例如，需要把id为1712402704061的数据删除则需要分以下6个步骤来完成：

①在controller中添加delete接口，设置删除接口的方法为POST方法，删除接口的全路径为http://localhost:8091/stusys/student/delete。代码如下：

```
@RequestMapping("/delete")
public JsonResult delete(@RequestBody Student student){
    JsonResult result=studentService.delete(student);
    return result;
}
```

②在service层中设置delete()方法，如果删除成功返回200状态码，如果删除失败返回202状态码并提示错误。代码如下：

```
public JsonResult delete(Student student){
    int delete=studentMapper.del(student);
    if (delete>0){
        return new JsonResult(200,"删除成功","");
    }else{ return new JsonResult(202,"删除失败","删除错误"); }
}
```

③在mapper()层中设置对应的del()方法。代码如下:

```
public Integer del(Student student);
```

④在mapper.xml中设置SQL语句：

```
<delete id="del">
delete from student where id=#{id};
</delete>
```

⑤使用Postman进行delete接口的测试，如图10-14所示。

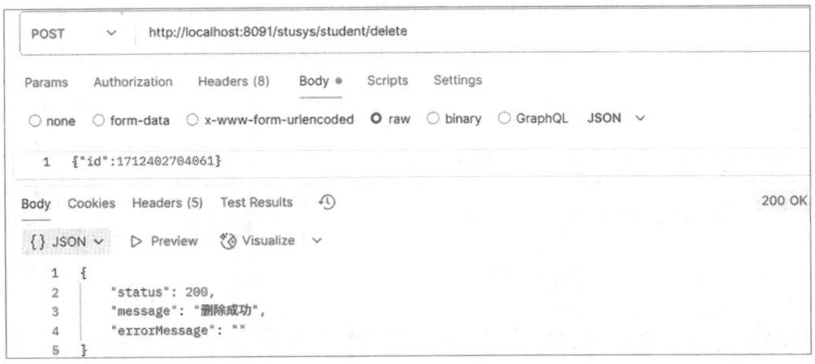

图 10-14　Postman 测试删除接口

⑥查询数据库，id为1712402704061的数据已经被删除则证明接口成功，如图10-15所示。

1712402704047	许毅	(Null)	(Null)	2017	(Null)	27
1712402704048	杨康辉	(Null)	(Null)	2017	(Null)	27
1712402704049	杨绍科	(Null)	(Null)	2017	(Null)	27
1712402704050	杨潇	(Null)	(Null)	2017	(Null)	27
1712402704051	叶子彬	(Null)	(Null)	2017	(Null)	27
1712402704052	张鸿杰	(Null)	(Null)	2017	(Null)	27
1712402704053	张勇怀	(Null)	(Null)	2017	(Null)	27
1712402704054	张展华	(Null)	(Null)	2017	(Null)	27
1712402704055	郑琦蓉	(Null)	(Null)	2017	(Null)	27
1712402704056	郑侨鑫	(Null)	(Null)	2017	(Null)	27
1712402704057	周贵有	(Null)	(Null)	2017	(Null)	27
1712402704058	周俊运	(Null)	(Null)	2017	(Null)	27
1712402704059	周维明	(Null)	(Null)	2017	(Null)	27
1712402704060	邹海珍	(Null)	(Null)	2017	(Null)	27

图 10-15　查询数据的删除

项目 10 实训：TKMybatis 操作 student 数据表

1. 实训目的

①理解TKMybatis操作MySQL数据库的基本概念。

②掌握TKMybatis增加数据的方法。

③掌握TKMybatis删除数据的方法。

④掌握TKMybatis更新数据的方法。

⑤掌握TKMybatis查询数据的方法。

2. 实训内容

（1）TKMybatis配置

在pom.xml进行maven配置，对application.properties进行配置包括数据库链接地址、数据源驱动、数据库用户名、数据库密码、Mybatis编写SQL语句的XML文件、存放数据库表数据的Java实体类的别名包扫描操作。

（2）TKMybatis查询表student

使用TKMybatis根据name查询MySQL数据库中对应的学生信息，包括新建实体、使用分层结构与数据库进行交互。

（3）TKMybatis插入数据到student表

使用TKMybatis向student表的末尾添加一条学生数据。其中，“学号”id为1712402404001，“姓名”name为“张三”，“性别”sex为“男”。

（4）TKMybatis更新数据表student其中一条数据

使用TKMybatis更新student表中姓名为“张三”的学生数据，把其中“学号”id更改为1712402404003。

（5）TKMybatis删除数据表student中的一条数据

使用TKMybatis删除数据表student中，姓名为“张三”的数据。

3. 实训小结

本实训是使用TKMybatis对MySQL的数据进行增删改查，通过配置pom连接数据库，通过实体层、controller层、service层、mapper层对数据进行操作，能够锻炼学生积累分层架构的实训。

项目小结

本项目基于 JavaWeb 开发技术栈，以 Spring Boot 集成 TKMybatis 框架为核心，围绕 MySQL 数据库操作展开实践。学生通过理论学习和项目实训，可掌握以下核心目标：深入理解 TKMybatis 框架与 MySQL 的交互机制，明确其通过 XML 注解配置简化 JDBC 操作的底层原理，熟练使用 Mapper 接口实现 CRUD 操作，独立完成数据库表设计、实体类映射及持久层逻辑开发、基于 TKMyBatis 构建系统的后台数据模块，实现系统信息的增、删、改、查功能，并积累

Spring Boot 分层架构的开发经验。

课后习题

一、问答题

1.简述TKMybatis操作MySQL的原理。

2.简述TKMybatis操作MySQL的流程。

二、实操题

配置application.properties文件，完成TKMybatis对MySQL的连接。

参考文献

[1] 传智播客高教产品研发部．MySQL数据库入门[M]．北京：清华大学出版社，2015．
[2] 孙飞显，孙俊玲，马杰．MySQL数据库实用教程[M]．北京：清华大学出版社，2015．
[3] 刘玉红，郭广新．MySQL数据库应用案例课堂[M]．北京：清华大学出版社，2016．
[4] 李辉．数据库技术与应用：MySQL[M]．北京：清华大学出版社，2016．